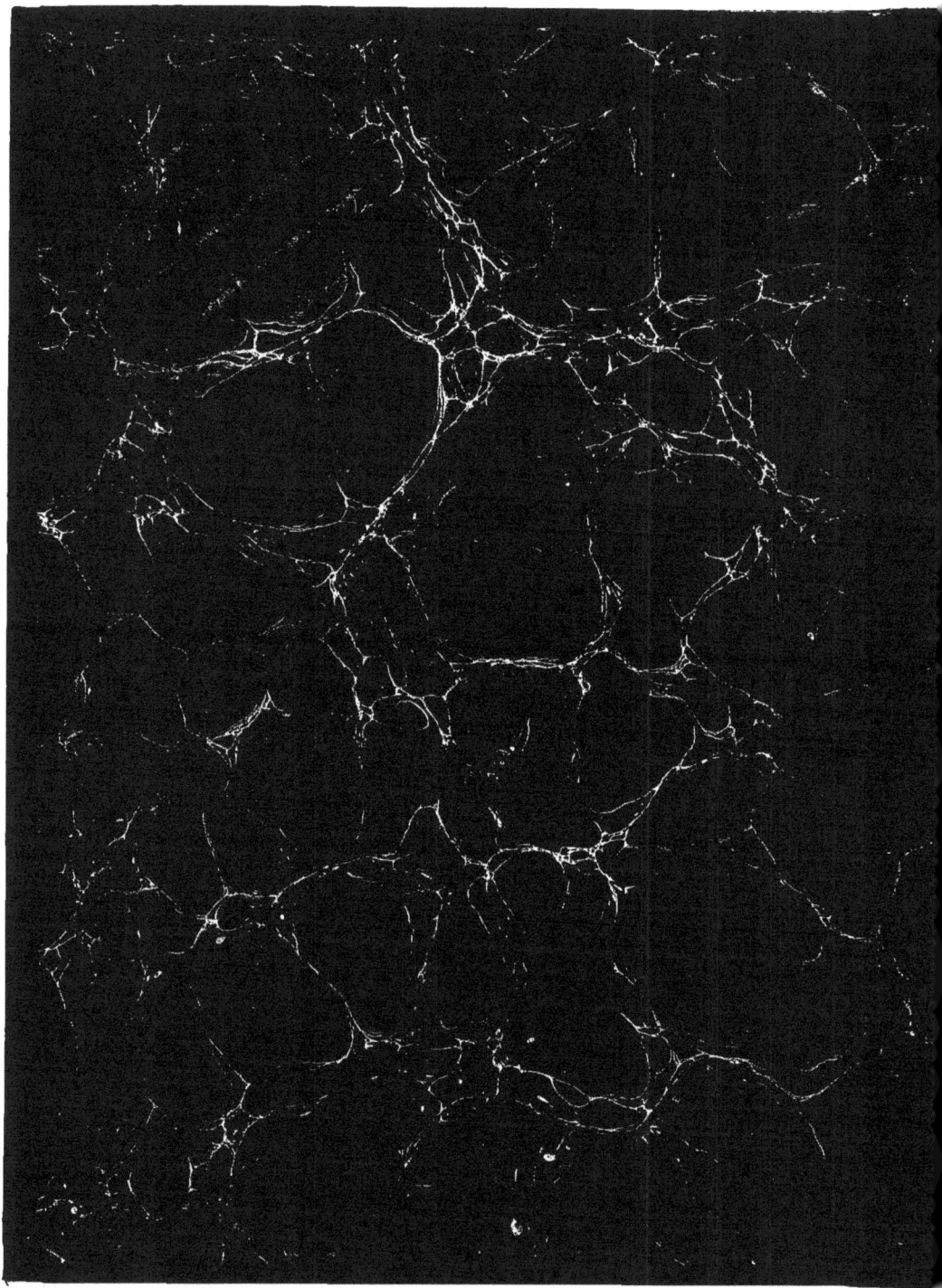

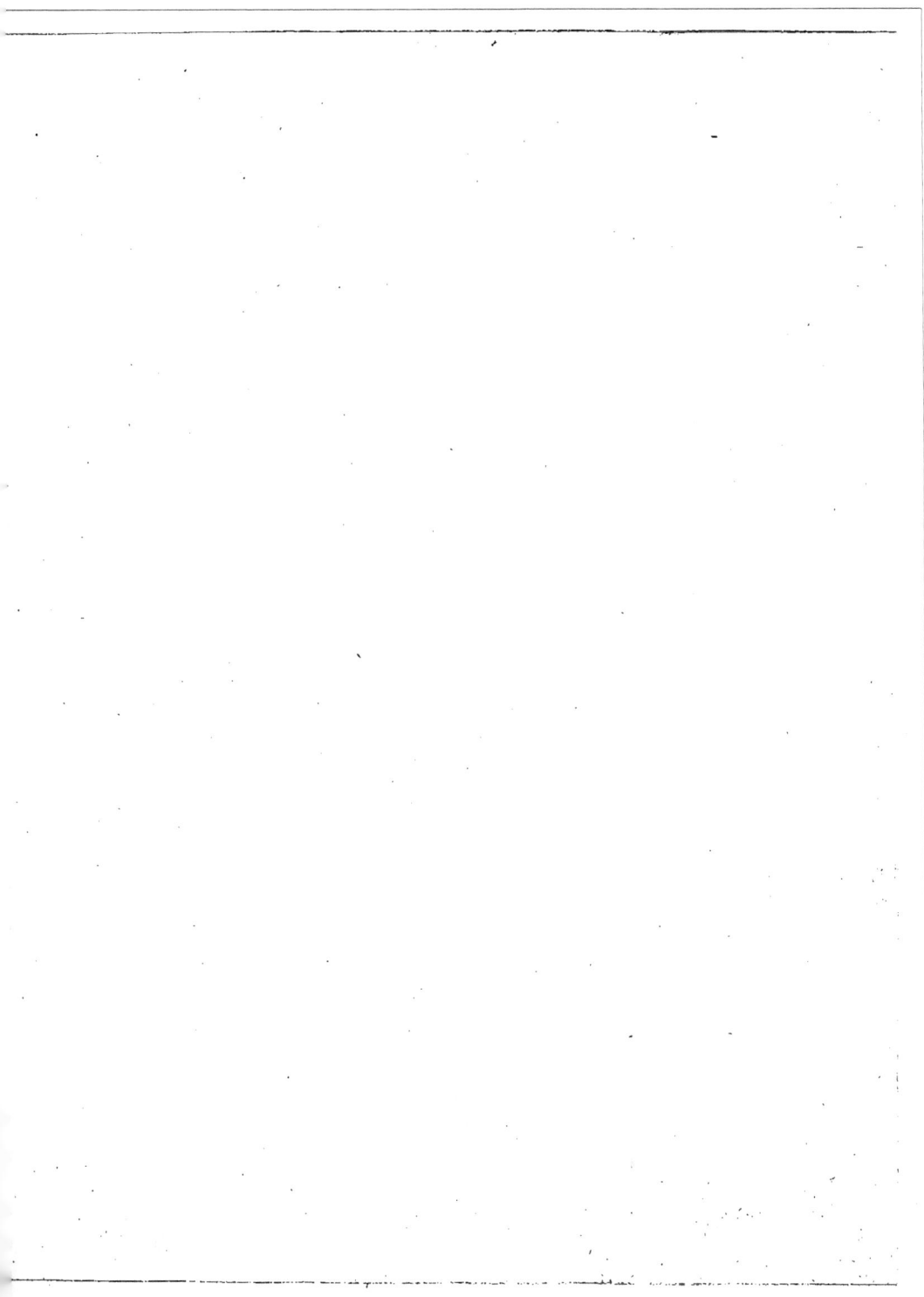

MÉMOIRE

SUR

LE MOUVEMENT D'UN PENDULE

DANS UN MILIEU RÉSISTANT

PAR

JEAN PLANA

ASTRONOME ROYAL

MEMBRE CORRESPONDANT DE L'INSTITUT DE FRANCE; DE LA SOCIÉTÉ ROYALE ET DE LA SOCIÉTÉ ASTRONOMIQUE DE LONDRES; DE L'ASSOCIATION BRITANNIQUE POUR L'AVANCEMENT DES SCIENCES; DE LA SOCIÉTÉ ITALIENNE DES SCIENCES; DES ACADÉMIES DE BERLIN, BOSTON, KASAN, TURIN, BRUXELLES, PALERME, BOLOGNE, ETC.

TURIN

DE L'IMPRIMERIE ROYALE

1835

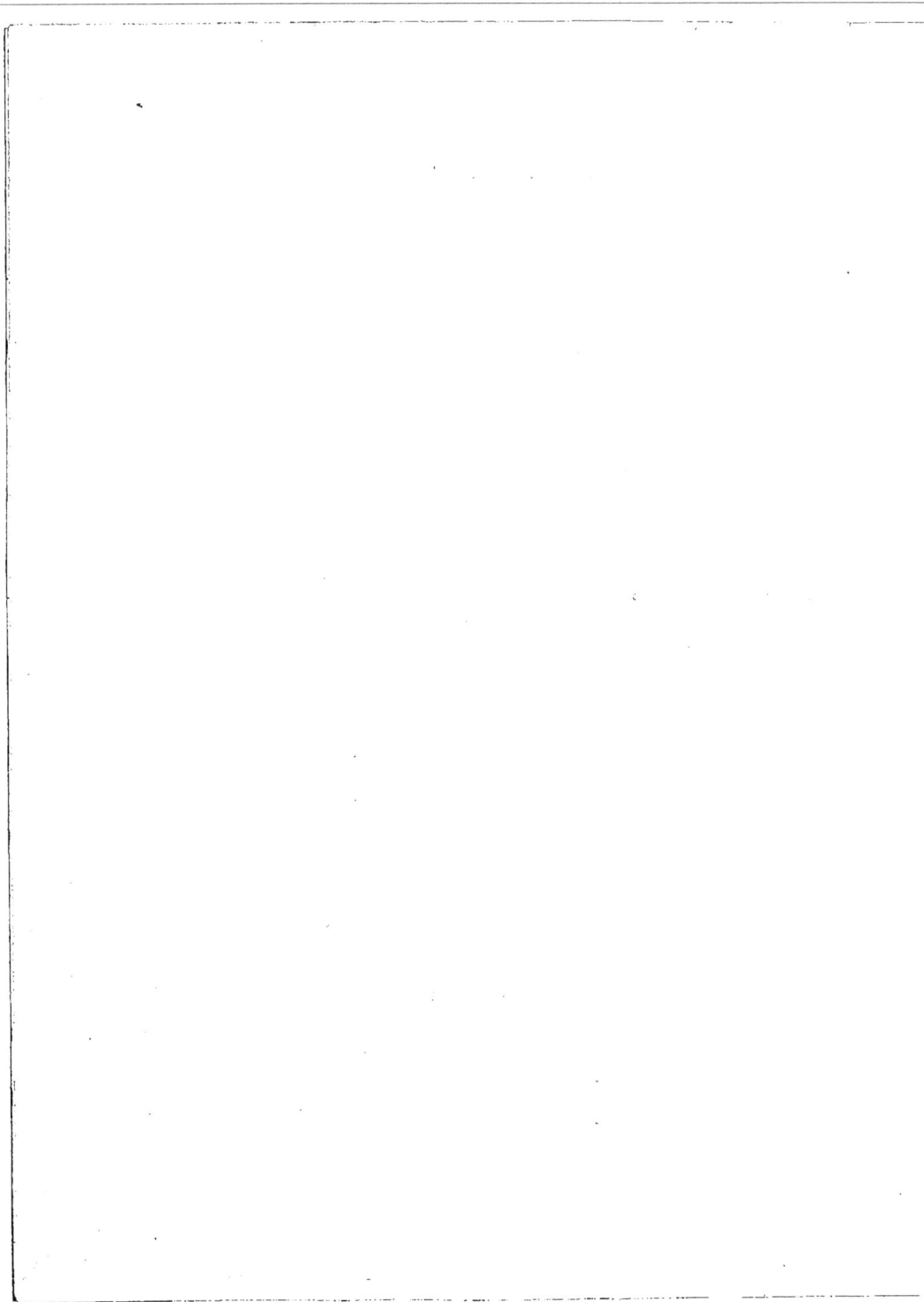

MÉMOIRE

SUR

LE MOUVEMENT D'UN PENDULE

DANS UN MILIEU RÉSISTANT

PAR J. PLANA

C'est une vérité maintenant avouée par les savans, que l'ancienne manière de réduire au vide la longueur du pendule composé était fautive. M.r *Bessel* a ramené là-dessus l'attention des Astronomes et des Géomètres par un Mémoire très-remarquable publié en 1828 dans les volumes de l'Académie des Sciences de Berlin. On y voit que, M.r *Bessel* a déterminé, à l'aide de l'expérience et du calcul, la modification que, l'état du mouvement simultané de l'air et du pendule introduit dans la réduction au vide, fondée sur le principe d'*Archimède* relatif à la perte du poids des corps plongés dans un fluide.

Dubuat avait déjà fait la même remarque, il y a 53 ans, en interprétant, sous ce point de vue, des expériences faites par lui-même sur des corps de matière différente qu'il faisait osciller dans l'air et dans l'eau. Mais, sans le nouveau travail de M.r *Bessel*, il est probable que, bien des années se seraient encore écoulées avant qu'on eut songé à l'existence de celui de *Dubuat*.

Le fait étant ainsi établi d'une manière incontestable, il restait à le déduire des lois primordiales de la Mécanique rationnelle; et c'est ce que M.r *Poisson* a fait par un savant Mémoire publié dans le Volume XI de l'Académie des Sciences de Paris. C'est en réfléchissant sur le Mémoire de ce grand Géomètre, que je fus amené, par degrès, à composer celui-ci; où j'ai repris la même théorie pour la présenter avec plusieurs développemens qui me paraissent en partie nouveaux, et propres à dilater les idées sur les applications de l'analyse à la Physique.

La propagation du mouvement dans un milieu élastique, considérée dans ce problême, doit être rapportée à cette classe de phénomènes, où la cause qui produit le mouvement est sans cesse agissante dans une étendue limitée de la masse fluide. Alors, les fonctions arbitraires doivent être déterminées par des conditions d'un genre particulier, qui, dans le mouvement du pendule, tiennent à la circonstance que, les molécules fluides adjacentes à sa surface doivent glisser sur cette surface. Dans d'autres cas; par exemple, dans le cas des instrumens à vent on regarde (suivant la nouvelle théorie due à M.r *Poisson*) comme donnée arbitrairement, par une fonction périodique du temps, la loi des vîtesses qui a lieu à l'embouchure du tube, en vertu de la cause qui maintient le son en soufflant dans le tube. En outre, on suppose que, à l'extrémité du tube opposée à l'embouchure il s'y établit (comme dans le cas des ondes sonores secondaires) un rapport constant entre la vîtesse du fluide et la variation de sa densité. Cette dernière condition remplace, pour ainsi dire, celle qui, dans le pendule, est relative aux molécules adjacentes à sa surface. On voit par là, que, dans les questions de ce genre, il ne s'agit pas de déterminer les vibrations dues à l'état initial du fluide; mais que, le problême consiste dans la détermination des vibrations dues à la cause constante qui entretient le mouvement. A l'égard du pendule, le problême acquiert un caractère tout-à-fait spécial, en vertu de la liaison intime qui s'établit entre les vibrations du corps et celles du fluide. Lorsqu'on fait abstraction de l'élasticité du fluide (comme on le peut sensiblement) les deux vibrations sont, s'il est permis de s'exprimer ainsi, confondues dans une seule équation différentielle; mais l'élasticité diversifie tellement la mise en équation des mêmes conditions qu'on se voit forcé de comprendre la coexistence des deux vibrations dans deux équations différentielles entre le temps et les deux variables principales qui en sont fonction.

Quoique la réduction au vide dont il est ici question soit, en dernière analyse, égale au produit de la densité du fluide par un coefficient numérique; et que, à l'égard de ce second facteur (sur lequel porte toute la difficulté) le résultat soit le même pour un fluide élastique et pour un liquide: ce n'est pas sans quelque surprise, qu'on voit l'analyse de M.r *Poisson* particulièrement dirigée vers le cas spécial où les oscillations ont lieu dans l'air atmosphérique. Il emploie en conséquence l'équation aux différences partielles de laquelle dépend la propagation du son dans l'air, pour obtenir le second terme de la pression qui doit être ajouté à celui qui donne la pression dans l'état d'équilibre du fluide. La vîtesse de la propagation du son constitue par-là un paramètre essentiel pour arriver à la réduction au vide, qui, dans le fond, en est indépendante. D'après cela, j'ai pensé qu'on pouvait simplifier la solution de ce problême en traitant d'abord le cas où le pendule oscille dans un liquide ou fluide incompressible.

Les équations du problème sont d'abord formées dans ce Mémoire sans définir la figure du pendule; mais c'est seulement dans le cas de la sphère qu'elles admettent une solution complète. Alors on trouve que, les choses se passent comme si, la perte du poids de la sphère était précisement égale à une fois et demie le poids du liquide déplacé par elle. M.r *Challis* a trouvé cette perte égale au double du poids du liquide déplacé; mais je fais voir à quoi tient la cause de cette discordance.

Après avoir analysé le cas relatif aux liquides, j'ai considéré celui des oscillations qui ont lieu dans un fluide élastique, quelle que soit la figure du pendule. En appliquant les formules ainsi trouvées à la sphère, on obtient, pour la réduction au vide, un résultat tout-à-fait semblable à celui qui se rapporte aux oscillations de la sphère dans un fluide incompressible. Mon analyse est exposée en détail dans les trois premiers chapitres de ce Mémoire; mais je ne puis en offrir ici un résumé exempt d'obscurité; il faut la lire si l'on veut s'en former une idée claire. Je dois en dire autant sur ce qui concerne le quatrième chapitre; où j'ai repris l'hypothèse d'une résistance proportionnelle au carré de la vîtesse pour m'occuper de l'intégration de l'équation qui comprend les lois du mouvement oscillatoire et révolutif autour d'un axe fixe. En rapprochant de la mienne les différentes manières par lesquelles cette intégration a été traitée on accordera peut-être, que j'ai ajouté quelque chose aux développemens déjà connus sur cette matière.

L'espèce de digression que j'ai faite sur les formules propres à déterminer les vîtesses initiales des boulets de canon, soit en employant le pendule de *Robins*, soit en considérant la force expansive du fluide élastique né de l'inflammation de la poudre, m'a paru utile pour mieux fixer les idées à l'égard de cette théorie: malheureusement, cette question de balistique est trop peu connue par le plus grand nombre de ceux qui seraient dans le cas de l'appliquer et de la perfectionner par une comparaison bien entendue avec la pratique.

La note sur l'intégrale complète de l'équation de la propagation du son par laquelle je termine ce long Mémoire est, si l'on veut, une autre digression; mais l'occasion d'employer cette équation m'a entraîné à faire sur son intégrale, sous forme finie, trouvée par M.r *Poisson*, des réflexions qui n'étaient d'abord qu'un objet d'étude pour moi; ensuite j'ai pris le parti de les publier, dans l'espoir qu'elles ne seront pas jugées tout-à-fait dépourvues d'intérêt.

CHAPITRE PREMIER

ÉQUATION DIFFÉRENTIELLE DU MOUVEMENT DU PENDULE FORMÉE EN AYANT ÉGARD AU CHOC ET À LA PRESSION D'UN LIQUIDE INCOMPRESSIBLE CONTRE SA SURFACE

(1) Imaginons un pendule composé qui se meut dans un milieu résistant, autour d'une ligne droite fixe placée horizontalement que je prends pour l'axe des z. Soit dm la masse d'une molécule quelconque de ce pendule, et g la force accélératrice de la gravité, dans le vide. Nommons a la distance du centre de gravité du pendule à l'axe de rotation, et θ l'angle variable que la ligne a fait, à chaque instant, avec l'axe des y, que je suppose dirigé de haut en bas suivant la verticale. L'axe des x, sera une seconde ligne horizontale, perpendiculaire au plan des y, z au point d'intersection.

Sans changer cette origine des coordonnées, rapportons les points de la surface extérieure du pendule à trois axes rectangulaires, dont un soit l'axe fixe de rotation et les deux autres soient mobiles avec lui, de manière que l'axe des y' soit sans cesse dirigé suivant la ligne désignée par a. Pour plus de clarté, nous regarderons les coordonnées x'', y'', z'' affectées de deux accens comme appartenantes aux points de la masse du pendule, et nous représenterons par

$$(1)\ldots\ldots F(x', y', z') = N' = o$$

l'équation de sa surface : équation, qui, par la disposition même des axes mobiles, est indépendante du temps.

(2) Cela posé ; soit ρ la densité du milieu, et $\rho R d\lambda$ l'expression de sa résistance à l'égard d'un élément quelconque de la surface du pendule représenté par $d\lambda$. Cette force étant censée dirigée suivant

la normale à la surface, si l'on nomme β, β', β'' les angles formés par la normale avec les axes des x', y', z'; ses composantes parallèles aux axes des x', y' seront $\rho R d\lambda . \cos\beta$, $\rho R d\lambda . \cos\beta'$: et le moment de ces mêmes forces projetées sur le plan des x', y' sera exprimé par

$$x' . \rho R d\lambda . \cos\beta' - y' . \rho R d\lambda . \cos\beta.$$

Donc, en nommant y'' la distance d'une molécule quelconque dm du pendule à l'axe de rotation; l'équation différentielle, qui, conformément à ces définitions, détermine son mouvement sera, par les principes connus;

$$(2) \ldots \frac{d^2\theta}{dt^2} S r''^2 dm = -g S x dm + \int (x' \cos\beta' - y' \cos\beta) \rho R d\lambda;$$

où les intégrales affectées du signe S doivent être étendues à la masse totale du corps, et celle affectée du signe $\int$ à la seule partie de sa surface qui éprouve actuellement la résistance du milieu. De sorte que, en désignant par x l'abscisse du centre de gravité; c'est-à-dire sa distance au plan vertical des y, z on a

$$S x dm = M x_1 = M . a \sin\theta;$$

M étant la masse totale du pendule. L' intégrale $S r''^2 dm$ étant le moment d'inertie du corps par rapport à l'axe de rotation, nous ferons $S r''^2 dm = M L a$; ce qui revient à désigner par L la longueur du pendule simple, qui, dans le vide, serait isochrone avec le pendule composé. L'équation (2) est donc équivalente à celle-ci;

$$(3) \ldots \frac{d^2\theta}{dt^2} . M L a + M . g a \sin\theta = \int (x' \cos\beta' - y' \cos\beta) \rho R . d\lambda.$$

Or, en posant pour plus de simplicité

$$U = \left\{ \left(\frac{dN'}{dx'}\right)^2 + \left(\frac{dN'}{dy'}\right)^2 + \left(\frac{dN'}{dz'}\right)^2 \right\}^{-\frac{1}{2}}$$

on sait, que

$$\cos\beta = -U.\left(\frac{dN'}{dx'}\right); \quad \cos\beta' = -U\left(\frac{dN'}{dy'}\right); \quad \cos\beta'' = -U\left(\frac{dN'}{dz'}\right);$$

partant

$$x'\cos\beta' - y'\cos\beta = U\left\{y'\left(\frac{dN'}{dx'}\right) - x'\left(\frac{dN'}{dy'}\right)\right\}.$$

Maintenant, si l'on observe que,

$$d\lambda = \frac{dy'\,dz'}{U\left(\frac{dN'}{dx'}\right)} = \frac{dx'\,dz'}{U\left(\frac{dN'}{dy'}\right)} = \frac{dx'\,dy'}{U\left(\frac{dN'}{dz'}\right)},$$

on admettra qu'il est permis de remplacer le produit

$$(x'\cos\beta' - y'\cos\beta)\,d\lambda$$

par l'une ou l'autre de ces trois expressions, savoir;

$$\frac{dy'\,dz'}{\left(\frac{dN'}{dx'}\right)}\left\{y'\left(\frac{dN'}{dx'}\right) - x'\left(\frac{dN'}{dy'}\right)\right\};$$

$$\frac{dx'\,dz'}{\left(\frac{dN'}{dy'}\right)}\left\{y'\left(\frac{dN'}{dx'}\right) - x'\left(\frac{dN'}{dy'}\right)\right\};$$

$$\frac{dx'\,dy'}{\left(\frac{dN'}{dz'}\right)}\left\{y'\left(\frac{dN'}{dx'}\right) - x'\left(\frac{dN'}{dy'}\right)\right\}.$$

En prenant la dernière, on dira que l'équation (3) est équivalente à celle-ci;

$$(4)\ldots\frac{d^2\theta}{dt^2}.MLa + M.ga\sin\theta = \iint\frac{\rho R\left\{y'\left(\frac{dN'}{dx'}\right) - x'\left(\frac{dN'}{dy'}\right)\right\}dx'\,dy'}{\left(\frac{dN'}{dz'}\right)}.$$

(3) Soit r' la distance de l'élément superficiel $d\lambda$ à l'axe de rotation ; sa vitesse absolue, dirigée suivant une ligne perpendiculaire à r', est $r'\frac{d\theta}{dt}$. En désignant par ξ l'angle que la direction de cette vitesse fait avec la normale au même point de la surface, on aura $r'\frac{d\theta}{dt}.\cos\xi$ pour la composante de la vitesse de l'élément $d\lambda$ suivant la normale. La force R devant être (dans toutes les hypothèses sur le choc des fluides) une certaine fonction de cette dernière vitesse, on pourra écrire

$$R = f.\left(r'\frac{d\theta}{dt}\cos\xi\right),$$

sans définir, pour le moment, la forme de cette fonction. Maintenant, si nous nommons Γ l'angle, que la ligne r' fait avec l'axe des y'; il est clair que, la droite perpendiculaire à r' fera un angle égal à $180°-\Gamma$ avec l'axe des x', et un angle égal à $90°-\Gamma$ avec l'axe des y'; il n'est pas moins évident que, la même ligne fait un angle égal à $90°$ avec l'axe des z: donc, d'après un théorème connu de géométrie analytique, on a

$$\cos\xi = -U\left(\frac{dN'}{dx'}\right)\cos(180°-\Gamma) - U\left(\frac{dN'}{dy'}\right)\cos(90°-\Gamma) - U\left(\frac{dN'}{dz'}\right)\cos 90°:$$

mais, conformément à nos définitions,

$$\sin\Gamma = \frac{x'}{r'}; \qquad \cos\Gamma = \frac{y'}{r'};$$

partant ;

$$r'\cos\xi = U\left\{y'\left(\frac{dN'}{dx'}\right) - x'\left(\frac{dN'}{dy'}\right)\right\};$$

$$R = f\left\{U\frac{d\theta}{dt}\left[y'\left(\frac{dN'}{dx'}\right) - x'\left(\frac{dN'}{dy'}\right)\right]\right\}.$$

L'équation (4) peut donc être ramenée à la forme

$$(5) \ldots\ldots \frac{d^2\theta}{dt^2}.MLa+M.ga\sin\theta=$$

$$\iint \rho\, dx'dy' \left\{ y'\left(\frac{dN'}{dx'}\right)-x'\left(\frac{dN'}{dy'}\right)\right\}.f\left\{\frac{d\theta}{dt}U\left[y'\left(\frac{dN'}{dx'}\right)-x'\left(\frac{dN'}{dy'}\right)\right]\right\},$$

sans définir, ni la figure de la surface extérieure du pendule, ni la fonction de la vitesse qui exprime la résistance due au choc du fluide.

(4) Pour fixer les idées à l'égard des limites de la double intégration indiquée, il faudra d'abord observer, que, par la disposition des axes mobiles des x', y', les fonctions de x', y' qui entreront dans le coefficient de $dx'dy'$ seront les mêmes, pour une surface donnée, soit dans l'état de mouvement, soit dans l'état d'équilibre. Donc, en imaginant une surface cylindrique circonscrite au pendule dans son état d'équilibre, de manière que son axe soit perpendiculaire au plan des y, z, elle déssinera sur la surface du pendule la courbe de contact qui sépare les deux parties tour à tour exposées à la résistance du fluide dans les deux oscillations consécutives et opposées. Par la théorie des surfaces courbes il est facile de démontrer, que les projections de cette courbe de contact s'obtiennent en éliminant une des trois coordonnées entre les deux équations

$$N'=0, \quad \left(\frac{dN'}{dx'}\right)=0.$$

En imaginant exécutée la double intégration indiquée, le second membre de l'équation (5) se réduira donc, en général, à une fonction de la seule variable $\frac{d\theta}{dt}$, susceptible de deux variétés à l'égard de ses coefficiens qui seront le résultat d'une intégration définie, opérée sur les fonctions de x', y'. On voit par là que, en ayant égard à la résistance de l'air, le mouvement oscillatoire d'un pendule exige, en général, deux équations distinctes, dont une se rapporte à son mouvement de gauche à droite, et l'autre à son mouvement de droite à gauche. Le mouvement révolutif du même corps, dans un sens déterminé, exige à la vérité une seule équation : mais, cette théorie démontre que, la même impulsion (c'est-à-dire, pour parler avec plus de précision, la même vitesse angulaire initiale) peut produire un mouvement révolutif différent, si les deux surfaces séparées par la courbe de contact, définie plus haut, sont différentes. Dans tous les cas, l'équation (5) sera réductible à la forme

$$\frac{d^2\theta}{dt^2}.MLa+M.ga\sin\theta = \text{fonct.}\left(\frac{d\theta}{dt}\right).$$

La seule inspection de cette équation suffit pour démontrer que, le choc du fluide ne saurait modifier, ni le coefficient de $\frac{d^2\theta}{dt^2}$, ni celui de $\sin\theta$: l'un et l'autre demeure le même que dans le vide, si l'on fait abstraction des autres causes perturbatrices dont il sera question plus loin.

(5) Pour plus de simplicité écartons les cas où la courbe de contact déssinée par la surface cylindrique sur la surface du pendule ne sépare pas deux parties égales et symétriques. Parmi les cas où cette parfaite égalité a lieu on peut comprendre la sphère, et le pendule formé par un parallélipipéde rectangle attaché à une verge inextensible, semblable à celui qu'on emploie pour déterminer la vitesse des boulets de canon, conformément à la méthode ingénieuse de *Robins*. Ici, on peut négliger la résistance de l'air sur la surface de la verge, et considérer seulement celle du rectangle opposé à celui contre lequel les boulets sont tirés. L'équation $N'=0$ se réduit dans ce cas à $x'=$ *constante :* de sorte que on a;

$$\left(\frac{dN'}{dx'}\right)=1\,;\quad \left(\frac{dN'}{dy'}\right)=0\,;\quad \left(\frac{dN'}{dz'}\right)=0;\quad U=1;$$

et par conséquent

$$\frac{d^2\theta}{dt^2}.MLa+M.ga\sin\theta=\rho\iint y'\,dz'\,dy' f\left(y'\frac{d\theta}{dt}\right),$$

en observant, que, d'après une remarque faite plus haut, on peut, dans l'équation (5), remplacer

$$\frac{dx'\,dy'}{\left(\frac{dN'}{dz'}\right)} \quad \text{par} \quad \frac{dy'\,dz'}{\left(\frac{dN'}{dx'}\right)}.$$

Si nous supposons la résistance de l'air proportionnelle au carré de la vîtesse, on aura

$$f.\left(y'\frac{d\theta}{dt}\right)=y'^2\left(\frac{d\theta}{dt}\right)^2, \text{ et, } \int dz'\int y'^3 dy'=\frac{B(A^4-C^4)}{4};$$

B désignant la longueur des côtés égaux du rectangle parallèles à l'axe de rotation; et *A*, *C* les distances respectives de ces mêmes côtés à l'axe de rotation. Ainsi en posant, pour plus de simplicité,

$$\mu=\frac{\rho B(A^4-C^4)}{2MaL},$$

l'équation propre à déterminer les circonstances du mouvement du pendule de *Robins*, sera

$$(6)\ \ldots\ldots \frac{d^2\theta}{dt^2}+\frac{g}{L}\sin\theta=\frac{\mu}{2}\left(\frac{d\theta}{dt}\right)^2$$

Sur cela, il faut observer que, la lettre *M* représente ici la masse primitive du pendule augmentée de la masse du boulet qui s'y est enfoncé.

(6) Si le pendule était composé d'un corps de révolution, ayant son axe parallèle à l'axe des x', et attaché par son centre de gravité à l'axe de rotation, on pourrait exprimer sa surface par une équation de la forme

$$z'^2+(a-y')^2-F(x')=N'=0.$$

Alors, le second membre de l'équation (5), en supposant la résistance proportionnelle au carré de la vitesse et la densité constante, deviendrait

$$\frac{\rho}{2}\left(\frac{d\theta}{dt}\right)^2 \iint \frac{dx'dy'\left\{[2x'+F'(x')](a-y')-aF'(x')\right\}^3}{\left\{4F(x')+\overline{F'(x')}^2\right\}\sqrt{F(x')-(a-y')^2}},$$

où l'on a fait

$$F'(x') = \frac{d.F(x')}{dx'}.$$

Avec une légère réflexion on conçoit, qu'ici, l'intégrale par rapport à y' doit être prise entre deux limites qui satisfont à l'équation $F(x')-(a-y')^2=0$; et que, en outre, on doit doubler le résultat ainsi obtenu: mais l'intégrale

$$\int \frac{\left\{p+q(a-y')\right\}^3 d.(a-y')}{\sqrt{F(x')-(a-y')^2}}$$

ainsi évaluée est égale à $2\pi\left\{p^3+\frac{3}{2}pq^2F(x')\right\}$; π étant le rapport de la circonférence au diamètre. Donc, en prenant

$$p=-aF'(x'); \qquad q=2x'+F'(x'),$$

la double intégrale précédente deviendra

$$a\rho\pi\left(\frac{d\theta}{dt}\right)^2 \cdot \int \frac{dx'F(x')\left\{a^2\overline{F'(x')}^2+\frac{3}{2}[2x'+F'(x')]^2F(x')\right\}}{4F(x')+\overline{F'(x')}^2}.$$

Maintenant si l'on fait $y_1'^2=F(x')$, on en tire

$$F'(x')=2y_1'\frac{dy_1'}{dx'};$$

ce qui change l'expression précédente en celle-ci ;

$$2\pi\rho a^3\left(\frac{d\theta}{dt}\right)^2 \cdot \int \frac{dx'y_1'\left(\frac{dy_1'}{dx'}\right)^3}{1+\left(\frac{dy_1'}{dx'}\right)^2} + 3\pi\rho a\frac{d\theta}{dt} \cdot \int \frac{dx'y_1'\frac{dy_1'}{dx'}\left\{x'+y_1'\frac{dy_1'}{dx'}\right\}^2}{1+\left(\frac{dy_1'}{dx'}\right)^2}.$$

En posant $y_1'=a-y'$, il est aisé de voir, que l'équation

$$y'_1 = \sqrt{F(x'_1)}$$

est précisément celle de la courbe génératrice de la surface du pendule autour d'une ligne parallèle à l'axe des x', menée dans le plan des x', y' à la distance a de ce même axe. Donc, en désignant par ds'_1 l'élément de la longueur de cette courbe et faisant

$$x'^2_1 + y'^2_1 = r'^2_1,$$

on pourra mettre le résultat précédent sous cette forme

$$a^3 \rho \left(\frac{d\theta}{dt}\right)^2 \left\{ 2\pi \int y'_1 \frac{dy'^3_1}{ds'^2_1} + \frac{3\pi}{a^2} \int \frac{y'_1 dy'_1 r'^2_1 (dr'_1)^2}{ds'^2_1} \right\}.$$

Les limites de ces intégrales seront $x' = 0$ et $x' = b$, en nommant b la plus grande abscisse de la surface dans le sens de son axe de révolution, et supposant cette abscisse tournée du côté par lequel la surface est exposée à la résistance du fluide. L'équation (5) devient donc dans ce cas particulier

$$(7) \ldots\ldots \frac{d^2\theta}{dt^2} . MLa + M.ga \sin\theta =$$
$$2\pi \rho a^3 \left(\frac{d\theta}{dt}\right)^2 \left\{ \int_0^b y'_1 \frac{dy'^3_1}{ds'^2_1} + \frac{3}{2a^2} \int_0^b \frac{y'_1 r'^2_1 dy'_1 (dr'_1)^2}{ds'^2_1} \right\}.$$

Pour la sphère on a $dr'_1 = 0$; ce qui réduit ce résultat à celui qu'on aurait obtenu immédiatement, en supposant que tous les points de la surface ont la même vitesse que le centre. Mais, pour toute autre surface de révolution, on voit, par l'équation précédente, que le coëfficient de la résistance est modifié par la circonstance, que, dans le mouvement de rotation tous les points de la surface ne sauraient avoir des vitesses égales et parallèles à celle du centre de gravité de la masse oscillante.

(7) Dans l'hypothèse d'une résistance proportionnelle à la première puissance de la vitesse, le second membre de l'équation (5) deviendrait

$$-k\frac{\rho}{2}\left(\frac{d\theta}{dt}\right)\iint\frac{dx'dy'\{[2x'+F'(x')](a-y')-aF'(x')\}^2}{\sqrt{4F(x')+[F'(x')]^2}\cdot\sqrt{F(x')-(a-y')^2}},$$

où k désigne un coefficient constant. En traitant cette double intégrale comme la précédente, et observant, qu'ici, on doit prendre $2\pi\left\{p^2+\frac{q^2}{2}F(x')\right\}$ pour la valeur de l'intégrale

$$\int\frac{\{p+q(a-y')\}^2 d.(a-y')}{\sqrt{F(x')-(a-y')^2}},$$

on obtiendra

$$-k\rho.2\pi a^2\left(\frac{d\theta}{dt}\right)\left\{\int_0^b y_1'\frac{dy_1'^2}{ds_1'}+\frac{1}{a^2}\int_0^b\frac{r_1'^2 dy_1'(dr_1')^2}{dx'ds_1'}\right\}$$

pour la valeur du second membre de l'équation (5).

On voit par là que, dans ces deux cas, le second terme qui multiplie $\rho.2\pi a^3\left(\frac{d\theta}{dt}\right)^2$ ou $\rho.2\pi a^2\frac{d\theta}{dt}k$ diminue à mesure que la distance a du centre de gravité à l'axe de rotation augmente.

(8) Ce dernier résultat donne lieu à la remarque suivante. L'équation du mouvement d'un pendule composé, dans l'hypothèse d'une résistance proportionnelle à la vîtesse, serait donc toujours réductible à la forme

$$\frac{d^2\theta}{dt^2}+2\mu\frac{d\theta}{dt}+\frac{g}{L}\sin\theta=0;$$

où le coefficient μ peut être regardé, sans erreur sensible, comme indépendant de la longeur L du pendule. Or, en augmentant cette longueur, on conçoit qu'il est possible d'avoir $\mu>\sqrt{\frac{g}{L}}$: alors, en supposant fort petit l'écart initial α de la verticale, on pourrait faire $\sin\theta=\theta$; ce qui rend linéaire l'équation précédente, et donne pour son intégrale complète;

$$\theta=\frac{\alpha}{2}.e^{-\mu t}\left\{\left(1+\frac{\mu}{n}\right)e^{nt}+\left(1-\frac{\mu}{n}\right)e^{-nt}\right\},$$

en posant $n=\sqrt{\frac{L\mu^2-g}{L}}$. Donc, ce mouvement ne serait pas oscillatoire, puisque, on ne peut avoir $\theta=0$, qu'après un temps infini. Si l'hypothèse qui entraîne à cette conséquence a lieu en nature, on pourrait la vérifier en faisant osciller des corps dans l'eau, pour voir s'ils atteignent sensiblement l'équilibre, en demeurant un peu écartés de la verticale, lorsque on a $\mu>\sqrt{\frac{g}{L}}$. *Euler* cite à ce sujet des expériences de *Lahire* par lesquelles dit-il « *monstravit pendulum in aqua extra situm verticalem in quiete permanere posse* » ensuite il ajoute « *quod fieri non posset si resistentia a sola celeritate penderet* » (Voyez page 295 du second volume de sa Mécanique). La formule précédente démontre que, cette dernière réflexion d'*Euler* n'est pas tout à fait exacte, à moins qu'on ne puisse toujours attribuer cet effet à une force *constante* due à la viscosité du fluide. Quoi qu'il en soit, la loi de la déviation serait différente dans les deux cas, et j'ignore s'il existe des expériences capables de mieux fixer les idées sur ce point.

(9) Jusqu'ici je n'ai employé que des coordonnées orthogonales ; mais bien souvent, il est plus avantageux d'employer des coordonnées polaires dont l'origine soit placée au centre de gravité du corps en mouvement. Alors, on a

$$x'=r\sin\omega\sin\psi\,;\quad y'-a=r\sin\omega\cos\psi\,;\quad z'=r\cos\omega;$$
$$d\lambda=r^2\sin\omega\,.\,d\omega\,d\psi\,;$$

où r désigne le rayon vecteur de la surface du pendule ; ω l'angle que ce rayon vecteur fait avec la parallèle à l'axe des z' menée par le centre de gravité ; et ψ l'angle formé par le plan de l'angle ω et le plan mené par l'axe de rotation et le centre de gravité.

Le premier membre de l'équation (1), après la substitution de ces valeurs de x', y', z' deviendra une fonction des trois nouvelles variables r, ω, ψ, de laquelle, en vertu de l'équation identique

$$\left(\frac{dN'}{dx'}\right)dx'+\left(\frac{dN'}{dy'}\right)dy'+\left(\frac{dN'}{dz'}\right)dz'$$
$$=\left(\frac{dN'}{dr}\right)dr+\left(\frac{dN'}{d\omega}\right)d\omega+\left(\frac{dN'}{d\psi}\right)d\psi\,;$$

on tirera ;

$$(A)..\begin{cases}\left(\frac{dN'}{dx'}\right)=\left(\frac{dN'}{dr}\right)\sin\omega\sin\psi+\left(\frac{dN'}{d\omega}\right)\frac{\cos\omega\sin\psi}{r}+\left(\frac{dN'}{d\psi}\right)\frac{\cos\psi}{r\sin\omega}\,;\\ \left(\frac{dN'}{dy'}\right)=\left(\frac{dN'}{dr}\right)\sin\omega\cos\psi+\left(\frac{dN'}{d\omega}\right)\frac{\cos\omega\cos\psi}{r}-\left(\frac{dN'}{d\psi}\right)\frac{\sin\psi}{r\sin\omega}\,;\\ \left(\frac{dN'}{dz'}\right)=\left(\frac{dN'}{dr}\right)\cos\omega-\left(\frac{dN'}{d\omega}\right)\frac{\sin\omega}{r}\,;\end{cases}$$

et par conséquent ;

$$\left(\frac{dN'}{dx'}\right)^2+\left(\frac{dN'}{dy'}\right)^2+\left(\frac{dN'}{dz'}\right)^2=\left(\frac{dN'}{dr}\right)^2+\frac{1}{r^2}\left(\frac{dN'}{d\omega}\right)^2+\frac{1}{r^2\sin^2\omega}\left(\frac{dN'}{d\psi}\right)^2;$$

$$y'\left(\frac{dN'}{dx'}\right)-x'\left(\frac{dN'}{dy'}\right)=a\left(\frac{dN'}{dx'}\right)+\left(\frac{dN'}{d\psi}\right).$$

Ainsi en posant pour plus de simplicité ;

$$V=\left\{\left(\frac{dN'}{dr}\right)^2+\frac{1}{r^2}\left(\frac{dN'}{d\omega}\right)^2+\frac{1}{r^2\sin^2\omega}\left(\frac{dN'}{d\psi}\right)^2\right\}^{-\frac{1}{2}},$$

$$T=\left(\frac{dN'}{dr}\right)\sin\omega\sin\psi+\left(\frac{dN'}{d\omega}\right)\frac{\cos\omega\sin\psi}{r}+\left\{\frac{r}{a}+\frac{\cos\psi}{\sin\omega}\right\}\frac{1}{r}\left(\frac{dN'}{d\psi}\right),$$

nous avons

$$x'\cos\beta'-y'\cos\beta=a\,.\,VT\,;$$

ce qui change l'équation (3) en celle-ci ;

$$(8)\;..\frac{d^2\theta}{dt^2}.ML+Mg\sin\theta=\iint\rho r^2\sin\omega.VTR.d\omega d\psi.$$

De sorte que, si l'on remplace V et T par leur valeur, et si l'on fait

$$P=\frac{\left(\frac{dN'}{d\omega}\right)}{r\left(\frac{dN'}{dr}\right)}, \qquad Q=\frac{\left(\frac{dN'}{d\psi}\right)}{r\sin\omega.\left(\frac{dN'}{dr}\right)},$$

on peut mettre l'équation (8) sous cette forme ;

$$(9)\;\ldots\ldots\frac{d^2\theta}{dt^2}ML+M.g\sin\theta=$$

$$\iint\frac{\rho R.r^2\sin^2\omega\sin\psi.d\omega d\psi}{\sqrt{1+P^2+Q^2}}\left\{1+P\cot\omega+Q\left(\frac{r}{a\sin\psi}+\frac{\cot\psi}{\sin\omega}\right)\right\}.$$

Cette équation subsiste quelle que soit la force désignée par R, mais si elle est (comme dans le N.° 3) une fonction de la vitesse $r'\cos\xi.\frac{d\theta}{dt}$, on pourra écrire

$$R=f\left\{a\frac{d\theta}{dt}.VT\right\}=f\left\{\frac{a\frac{d\theta}{dt}\sin\omega\sin\psi\left[1+P\cot\omega+Q\left(\frac{r}{a\sin\psi}+\frac{\cot\psi}{\sin\omega}\right)\right]}{\sqrt{1+P^2+Q^2}}\right\}.$$

Donc, en faisant pour plus de simplicité,

$$Z=\frac{1+P\cot\omega+Q\left\{\frac{r}{a\sin\psi}+\frac{\cot\psi}{\sin\omega}\right\}}{\sqrt{1+P^2+Q^2}}$$

nous avons ;

$$(10)\ldots\frac{d^2\theta}{dt^2}ML+M.g\sin\theta=\iint\rho r^2 Z\sin^2\omega\sin\psi f\left\{a\frac{d\theta}{dt}Z\sin\omega\sin\psi\right\}d\omega d\psi.$$

Ainsi en supposant, par exemple, la force R exprimée par les deux termes

$$k\,a\frac{d\theta}{dt}.Z\sin\omega\sin\psi+k'a^2\left(\frac{d\theta}{dt}\right)^2.Z^2\sin^2\omega\sin^2\psi,$$

on aura l'équation

$$(11)\ldots\frac{d^2\theta}{dt^2}.ML+M.g\sin\theta=k\rho a\left(\frac{d\theta}{dt}\right)\iint r^2 Z^2.\sin^3\omega\sin^2\psi.d\omega d\psi$$

$$+k'\rho a^2\left(\frac{d\theta}{dt}\right)^2\iint r^3 Z^3.\sin^4\omega\sin^3\psi.d\omega d\psi,$$

pourvu que ρ, k et k' puissent être traitées comme des quantités indépendantes de ω et ψ.

Avant d'aller plus loin, je reviens sur les équations désignées plus haut par (A), afin d'en tirer un résultat dont nous aurons besoin bientôt. Si l'on fait

$$\left(\frac{dN'}{dx'}\right)=M;\ \left(\frac{dN'}{dy'}\right)=M';\ \left(\frac{dN'}{dz'}\right)=M'',$$

on pourra regarder le second membre de ces équations comme une transformation du premier, opérée par la substitution des valeurs de x', y', z' entre les coordonnées polaires. Donc, en vertu du même principe qui donne les équations (A), on a ;

$$\left(\frac{d^2N'}{dx'^2}\right)=\left(\frac{dM}{dr}\right)\sin\omega\sin\psi+\left(\frac{dM}{d\omega}\right)\frac{\cos\omega\sin\psi}{r}+\left(\frac{dM}{d\psi}\right)\frac{\cos\psi}{r\sin\omega},$$

$$\left(\frac{d^2N'}{dy'^2}\right)=\left(\frac{dM'}{dr}\right)\sin\omega\cos\psi+\left(\frac{dM'}{d\omega}\right)\frac{\cos\omega\cos\psi}{r}-\left(\frac{dM'}{d\psi}\right)\frac{\sin\psi}{r\sin\omega},$$

$$\left(\frac{d^2N'}{dz'^2}\right)=\left(\frac{dM''}{dr}\right)\cos\omega-\left(\frac{dM''}{d\omega}\right)\frac{\sin\omega}{r}.$$

La somme de ces trois équations peut être écrite ainsi qu'il suit;

$$\left(\frac{d^2 N'}{d x'^2}\right) + \left(\frac{d^2 N'}{d y'^2}\right) + \left(\frac{d^2 N'}{d z'^2}\right) =$$

$$\frac{d.}{dr}\left\{ M \sin \omega \sin \psi + M' \sin \omega \cos \psi + M'' \cos \omega \right\}$$

$$+ \frac{\cos \omega}{r}\frac{d.}{d\omega}\left\{ M \sin \psi + M' \cos \psi \right\} - \frac{\sin \omega}{r}\frac{d.}{d\omega}\left\{ \left(\frac{d N'}{d r}\right)\cos \omega - \left(\frac{d N'}{d\omega}\right)\frac{\sin \omega}{r} \right\}$$

$$+ \frac{\cos \psi}{r \sin \omega}\frac{d.}{d\psi}\left\{ \left(\frac{d N'}{d r}\right)\sin \omega \sin \psi + \left(\frac{d N'}{d\omega}\right)\frac{\cos \omega \sin \psi}{r} + \left(\frac{d N'}{d\psi}\right)\frac{\cos \psi}{r \sin \omega} \right\}$$

$$- \frac{\sin \psi}{r \sin \omega}\frac{d.}{d\psi}\left\{ \left(\frac{d N'}{d r}\right)\sin \omega \cos \psi + \left(\frac{d N'}{d\omega}\right)\frac{\cos \omega \cos \psi}{r} - \left(\frac{d N'}{d\psi}\right)\frac{\sin \psi}{r \sin \omega} \right\}.$$

Mais,

$$M \sin \omega \sin \psi + M' \sin \omega \cos \psi + M'' \cos \omega = \left(\frac{d N'}{dr}\right),$$

$$M \sin \psi + M' \cos \psi = \left(\frac{d N'}{dr}\right)\sin \omega + \left(\frac{d N'}{d\omega}\right)\frac{\cos \omega}{r};$$

partant nous avons

$$\left(\frac{d^2 N'}{d x'^2}\right) + \left(\frac{d^2 N'}{d y'^2}\right) + \left(\frac{d^2 N'}{d z'^2}\right) =$$

$$\left(\frac{d^2 N'}{d r^2}\right) + \frac{2}{r}\left(\frac{d N'}{d r}\right) + \frac{1}{r^2}\left(\frac{d^2 N'}{d\omega^2}\right) + \left(\frac{d N'}{d\omega}\right)\frac{\cos \omega}{r^2 \sin \omega} + \left(\frac{d^2 N'}{d\psi^2}\right)\frac{1}{r^2 \sin^2 \omega},$$

ou bien ;

$$(B)..\left\{ \left(\frac{d^2 N'}{d x'^2}\right) + \left(\frac{d^2 N'}{d y'^2}\right) + \left(\frac{d^2 N'}{d z'^2}\right) = \frac{1}{r}\left\{ \begin{array}{c} \left(\frac{d^2.r N'}{d r^2}\right) + \frac{1}{r^2 \sin^2 \omega}\left(\frac{d^2.r N'}{d\psi^2}\right) \\[2mm] + \frac{1}{r^2 \sin \omega}\frac{d.\left[\sin \omega \left(\frac{d.r N'}{d\omega}\right)\right]}{d\omega} \end{array} \right\} \right.$$

Telle est la formule qui nous sera utile par la suite.

(10) Cela posé, j'observe que, on peut regarder $r^2 Z^2$, $r^2 Z^3$

comme fonctions de ω et ψ données par l'équation de la surface du pendule. Mais, toute fonction de ces deux variables est réductible à la forme

$$r^2 Z^2 = Y_0 + Y_1 + Y_2 + Y_3 + \text{etc.},$$

$$r^2 Z^3 = Y_0' + Y_1' + Y_2' + Y_3' + \text{etc.};$$

Y_n, Y_n' étant des fonctions entières et rationnelles, du dégré n, des trois quantités $\cos\omega$, $\sin\omega\sin\psi$, $\sin\omega\cos\psi$ qui satisfont à l'équation

$$(12)\ldots\frac{d.\left\{\sin\omega\frac{d.Y_n}{d\omega}\right\}}{\sin\omega . d\omega} + \frac{1}{\sin^2\omega}\cdot\frac{d^2 Y_n}{d\psi^2} + n(n+1)Y_n = 0:$$

elles peuvent être toujours déterminées par ces formules générales ; soit

$$r^2 Z^2 = \Pi(\omega, \psi); \qquad r^2 Z^3 = \Pi'(\omega, \psi);$$

$$z = \cos\omega\cos\omega' + \sin\omega\sin\omega'\cos(\psi - \psi');$$

$$P_n = \left(\frac{1.3.5\ldots 2n-1}{1.2.3\ldots n}\right)^2\left\{z^n - \frac{n.n-1}{2.2n-1}z^{n-2} + \frac{n.n-1.n-2.n-3}{2.3.2n-1.2n-3}z^{n-4} - \text{etc.}\right\};$$

on aura

$$Y_n = \frac{2n+1}{4\pi}\int_0^\pi\int_0^{2\pi} P_n\,\Pi(\omega', \psi')\sin\omega'.d\omega' d\psi',$$

$$Y_n' = \frac{2n+1}{4\pi}\int_0^\pi\int_0^{2\pi} P_n\,\Pi'(\omega', \psi')\sin\omega'.d\omega' d\psi',$$

pourvu que les fonctions $\Pi(\omega', \psi')$, $\Pi'(\omega', \psi')$ aient la propriété de ne point devenir infinies pour aucune valeur des variables comprise entre les limites de l'intégration (Voyez le Volume de la Connaissance des Tems pour 1829 page 330, et celui de 1831 page 54).

Observons maintenant que, on a les deux identités

$$\sin^3\omega\sin^2\psi.d\omega d\psi=\left\{\frac{1}{3}-\frac{1}{3}\left(\frac{3}{2}\cos^2\omega-\frac{1}{2}\right)-\frac{1}{6}.3\sin^2\omega\cos 2\psi\right\}d\psi.d\omega\sin\omega;$$

$$\sin^4\omega\sin^3\psi.d\omega d\psi=\left\{\begin{matrix}\frac{3}{5}\sin\omega\sin\psi-\frac{1}{10}\sin\omega\sin\psi\left(\frac{15}{2}\cos^2\omega-\frac{3}{2}\right)\\ -\frac{1}{60}.15\sin^3\omega.\sin 3\psi\end{matrix}\right\}d\psi.d\omega\sin\omega;$$

au moyen desquelles on peut assimiler les coefficiens de $d\psi.d\omega\sin\omega$ aux fonctions Y_0, Y_1, Y_2, Y_3. Pour cela, on fera

$$Y_0''=\frac{1}{3};$$

$$Y_2''=-\frac{1}{3}\left(\frac{3}{2}\cos^2\omega-\frac{1}{2}\right)-\frac{1}{6}.3\sin^2\omega.\cos 2\psi;$$

$$Y_1'''=\frac{3}{5}\sin\omega.\sin\psi;$$

$$Y_3'''=-\frac{1}{10}\sin\omega\sin\psi\left(\frac{15}{2}\cos^2\omega-\frac{3}{2}\right)-\frac{1}{60}.15\sin^3\omega.\sin 3\psi;$$

ce qui permettra d'écrire

$$\sin^3\omega\sin^2\psi.d\omega d\psi=(Y_0''+Y_2'')d\psi.d\omega\sin\omega;$$

$$\sin^4\omega\sin^3\psi.d\omega d\psi=(Y_1'''+Y_3''')d\psi.d\omega\sin\omega.$$

Il suit de là, que l'équation (11) est réductible à celle-ci;

$$(13)\ldots\ldots\frac{d^2\theta}{dt^2}.ML+M.g\sin\theta=$$

$$k\rho a\left(\frac{d\theta}{dt}\right)\iint\left\{Y_0+Y_1+Y_2+Y_3+\text{etc.}\right\}\left\{Y_0''+Y_2''\right\}d\psi.d\omega\sin\omega$$

$$+k'\rho a^2\left(\frac{d\theta}{dt}\right)^2\iint\left\{Y_0'+Y_1'+Y_2'+Y_3'+\text{etc.}\right\}\left\{Y_1'''+Y_3'''\right\}d\psi.d\omega\sin\omega.$$

Si ces doubles intégrales (toujours définies) étaient dans un rapport

4

donné avec les intégrales complètes prises entre les limites $\omega=0$, $\omega=\pi$, $\psi=0$, $\psi=2\pi$, on pourrait, en vertu du théorème connu

$$\int_0^\pi d\omega \sin\omega . \int_0^{2\pi} Y_n Y'_m d\psi = 0,$$

réduire l'équation précédente à celle-ci ;

$$\frac{d^2\theta}{dt^2} ML + M.g\sin\theta = kH.a\rho\frac{d\theta}{dt}\left\{\begin{array}{l} 4\pi Y_0 Y_0'' \\ +\int_0^\pi\int_0^{2\pi} Y_2 Y_2'' d\omega \sin\omega . d\psi \end{array}\right\}$$

$$+k'H'a^2\rho\left(\frac{d\theta}{dt}\right)^2\left\{\begin{array}{l} \int_0^\pi\int_0^{2\pi} Y_1' Y_1''' d\omega\sin\omega . d\psi \\ +\int_0^\pi\int_0^{2\pi} Y_3' Y_3''' d\omega\sin\omega . d\psi \end{array}\right\};$$

où H, H' désignent le rapport respectif entre les intégrales ainsi prises, et celles qu'on devrait prendre pour étendre l'intégration aux seuls points de la surface qui sont soumis à l'action de la force R.

On sait, que les expressions de Y_2, Y_1', Y_3' peuvent être mises sous la forme ;

$$Y_2 = A\left(\frac{3}{2}\cos^2\omega - \frac{1}{2}\right) + (A'\cos\psi + A''\sin\psi)\,3\cos\omega\sin\omega$$
$$+ (A'''\cos 2\psi + A^{\text{iv}}\sin 2\psi)\,3\sin^2\omega ;$$

$$Y_1' = B\cos\omega + (B'\cos\psi + B''\sin\psi)\sin\omega ;$$

$$Y_3' = C\left\{\frac{5}{2}\cos^3\omega - \frac{3}{2}\cos\omega\right\} + \left\{C'\cos\psi + C''\sin\psi\right\}\left\{\frac{15}{2}\cos^2\omega - \frac{3}{2}\right\}\sin\omega$$
$$+ \left\{C'''\cos 2\psi + C^{\text{iv}}\sin 2\psi\right\} 15\cos\omega . \sin^2\omega$$
$$+ \left\{C^{\text{v}}\cos 3\psi + C^{\text{vi}}\sin 3\psi\right\} 15 . \sin^3\omega ;$$

où A, A' etc. désignent des coefficiens constans.

Donc, à l'aide de la formule (m') posée dans la page 271 du second Volume des *Exercices de Calcul Intégral par Legendre*, on obtiendra

$$\frac{d^2\theta}{dt^2}.ML+M.g\sin\theta=\frac{4\pi}{3}\rho.kHa\left(\frac{d\theta}{dt}\right)\left\{Y_0-\frac{1}{5}(A+6A''')\right\}$$
$$+\frac{4\pi.\rho}{5}.k'H'a^2\left(\frac{d\theta}{dt}\right)^2\left\{B''-\frac{1}{7}(3C''+30C^{vi})\right\}.$$

Toutefois, il est juste d'observer, que, dans ce cas, il vaudrait mieux s'en tenir à l'équation (11), puisque les coefficiens A, A''', B'', C'', C^{vi} sont donnés par des intégrales définies aussi difficiles à évaluer que les deux qu'on voit dans le second membre de l'équation (11). Le passage de l'équation (11) à l'équation (13) peut être utile en ce sens, que, après avoir déterminé par des intégrales définies les différens termes des séries convergentes

$$Y_0+Y_1+Y_2+Y_3+\text{etc.};\quad Y_0'+Y_1'+Y_2'+Y_3'+\text{etc.};$$

on peut toujours former l'expression indéfinie des deux intégrales qu'on voit dans le second membre de l'équation (11).

(11) Je reprends maintenant l'intégrale

$$\int(x'\cos\beta'-y'\cos\beta)\,\rho R.d\lambda;$$

et, au lieu de l'appliquer à une force R qui soit fonction de la vîtesse actuelle de l'élément superficiel $d\lambda$, je l'applique à une force, toujours normale et proportionnelle à l'étendue des élémens de la surface, mais, dans sa manière d'agir, semblable à une pression hydrostatique, constante ou variable d'une manière quelconque. Une telle force doit, par sa nature, exercer son action sur la surface totale du pendule, ce qui fixe les limites de l'intégrale dont il est ici question, et lui imprime un caractère propre à la distinguer de celle qui est due au choc du pendule contre le fluide. Cela posé, je remarque, que, en vertu de la triple forme dont est susceptible l'expression de l'élément $d\lambda$ (voyez N.° 2), nous avons

$$\int x' \cos\beta' . \rho R d\lambda = -\int \rho x' U\left(\frac{dN'}{dy'}\right) . \frac{R\, dx'\, dz'}{U\left(\frac{dN'}{dy'}\right)} = -\int \rho R x' . dx' dz' ;$$

$$-\int y' \cos\beta . \rho R d\lambda = \int \rho y' U\left(\frac{dN'}{dx'}\right) . \frac{R\, dy'\, dz'}{U\left(\frac{dN'}{dx'}\right)} = \int \rho R y' . dy' dz'.$$

Supposons maintenant, que le produit ρR soit une fonction des coordonnées x', y', z', et prenons deux élémens superficiels opposés placés sur le prolongement de la même ordonnée y' : à leur égard, les ordonnées x', z' seront les mêmes, et la force désignée par R sera de signe contraire, sans avoir toutefois la même valeur absolue. Donc, en choisissant les couples des élémens superficiels ainsi disposés, et nommant ρ', ρ'', R', R'' les valeurs de ρ et R qui leurs correspondent, on pourra écrire

$$\int x' \cos\beta' . \rho R d\lambda = -\int (\rho'' R'' - \rho' R') x' . dx' dz'.$$

Pour évaluer l'autre intégrale, nous choisirons de même deux élémens superficiels opposés dans le sens des x' ; à leur égard, les ordonnées y' et z' seront les mêmes : de sorte que, si l'on nomme ρ_1', ρ_1'', R_1', R_1'' les valeurs correspondantes de ρ et R, on aura

$$-\int y' \cos\beta . \rho R d\lambda = \int (\rho_1'' R_1'' - \rho_1' R_1') y' . dy' dz'.$$

Telle est, en général, l'expression séparée de ces deux intégrales : elles semblent indépendantes de la surface du corps plongé dans le fluide ; mais si, le produit ρR était effectivement une fonction des trois variables x', y', z' on ne pourrait exécuter les intégrations indiquées sans tirer de l'équation $N' = 0$; d'abord y' en fonction de x' et z', et ensuite x' en fonction de y' et z'. Au reste il est évident que, ces intégrales sont nulles lorsque le produit ρR qui représente la pression sur l'unité de surface est *constant* : voilà pourquoi, la pression atmosphérique, transmise par l'intermédiaire de l'eau à un corps qu'on y plonge, ne donne aucun signe dynamique de son existence, et n'apporte aucune modification à la poussée de l'eau. Toutefois je me hâte de dire que, pour évaluer nettement l'effet de cette poussée, il ne conviendrait pas de conserver les axes mobiles des x', y' : il vaudrait mieux faire

$$x' = x \cos\theta - y \sin\theta \; ; \quad y' = x \sin\theta + y \cos\theta \; ;$$

ce qui donnerait

$$N' = F \left\{ x \cos\theta - y \sin\theta, \quad x \sin\theta + y \cos\theta, \quad z \right\} = 0$$

pour l'équation de la surface du pendule rapportée aux trois axes rectangulaires *fixes*, définis dans le N.° 1. En outre, il faudrait avoir égard à l'équivalence des deux momens

$$\int (x' \cos\beta' - y' \cos\beta) \rho R . d\lambda; \quad \int (x \cos\alpha' - y \cos\alpha) \rho R . d\lambda;$$

α, α', α'' étant les angles formés par la normale à l'élément $d\lambda$ avec les axes des x, y, z. De sorte que, relativement à ces axes, après avoir fait

$$\rho R = \text{fonct.} (x, y, z) = p,$$

on pourra écrire

$$\int x \cos\alpha' . \rho R \, d\lambda = - \int (p'' - p') \, x . dx \, dz \; ;$$

$$- \int y \cos\alpha . \rho R \, d\lambda = \int (p_{,}'' - p_{,}') \, y . dy \, dz \; ;$$

et changer l'équation (2) en celle-ci ;

$$\frac{d^2\theta}{dt^2} Sr''^2 dm + gSx\,dm = -\int (p'' - p')\,x.dx\,dz$$
$$+ \int (p_{,}'' - p_{,}')\,y.dy\,dz\,;$$

où p'' et p' désignent les pressions relatives aux deux élémens de la surface qui ont la même projection, $dx\,dz$, sur le plan horizontal; et $p_{,}''$, $p_{,}'$, les pressions relatives aux deux élémens de la surface placés sur le prolongement de la même horizontale, et ayant la même projection, $dy\,dz$, sur le plan vertical.

Il suit de là que, si la pression p est indépendante de x et z à la fois, on a $p_{,}'' = p_{,}'$: et, pour un corps entouré de toutes parts par le fluide,

$$\int (p_{,}'' - p_{,}')\,y\,.\,dy\,dz = 0\,;$$

ce qui réduit l'équation précédente à celle-ci ;

$$\frac{d^2\theta}{dt^2} Sr''^2 dm + g\,Sx\,dm = -\int (p'' - p')\,x\,.\,dx\,dz\,.$$

La loi de la densité des couches horizontales, pouvant, ici, être exprimée par une fonction de la forme $Df(y)$; où D désigne la densité du fluide pris pour terme de comparaison, nous avons

$$p'' = -Dg\int_0^{y''} f(y)\,dy\,; \quad p' = -Dg\int_0^{y'} f(y)\,dy\,;$$

et par conséquent ;

$$p'' - p' = -Dg\left\{\int_0^{y''} f(y)dy - \int_0^{y'} f(y)dy\right\} = -Dg\int_{y'}^{y''} f(y)dy.$$

Donc $(p'' - p')\,dx\,dz$ exprime le poids d'un petit prisme de fluide égal en volume à celui qui est déplacé par le prisme correspondant du corps plongé. Ainsi, en nommant dm' la masse de ce petit prisme de fluide, on pourra établir l'équation

$$-\int (p'' - p')\, x \,.\, dx\, dz = g \int x\, dm' = g\, M' . x_2 \,;$$

M' étant la masse totale du fluide déplacé par le pendule, et x_2 la distance de son centre de gravité au plan vertical des y, z. En abaissant de ce centre une perpendiculaire sur l'axe de rotation, et nommant $\theta + \delta$ l'angle que cette ligne fait, à chaque instant, avec la verticale, on aura $x_2 = a_1 \sin(\theta + \delta)$; a_1 étant la longueur constante de cette perpendiculaire.

On a déjà dit que $S x\, dm = M a \sin\theta$; partant on a

$$\frac{d^2\theta}{dt^2} S r''^2 dm + g \left\{ M a \sin\theta - M' a_1 \sin(\theta + \delta) \right\} = 0;$$

ou bien

$$\frac{d^2\theta}{dt^2} S r''^2 dm + g\, Ma \sqrt{1 - \frac{2M'a_1}{Ma}\cos\delta + \left(\frac{M'a_1}{Ma}\right)^2} . \sin(\theta + \delta - \gamma) = 0,$$

en faisant,

$$-M' a_1 + M a \cos\delta = H \cos\gamma\,; \qquad M a \sin\delta = H \sin\gamma.$$

Dans les expériences faites avec le pendule pour déterminer la gravité terrestre, on peut supposer, sans erreur sensible, $a_1 = a$; $\delta = 0$; et alors on a

$$\frac{d^2\theta}{dt^2} S r''^2 dm + g M a \left(1 - \frac{M'}{M}\right) \sin\theta = 0.$$

Il résulte de cette discussion, que, dans les équations générales (5) et (10), on doit remplacer g par $g\left(1 - \frac{M'}{M}\right)$, afin de tenir compte de la poussée verticale du fluide dans lequel on fait osciller le pendule. Cette poussée donne donc lieu à une modification dans le coefficient de $\sin\theta$, tandis que rien de pareil ne peut avoir lieu par le seul effet du choc du fluide, comme on l'a déja dit en terminant le N.° 4.

(12) Si l'on observe maintenant, que la pression p exercée par un fluide pesant en mouvement est différente de la pression exercée par le même fluide en état de repos, on sera porté à chercher jusqu'à quel point cette circostance peut modifier la conclusion que nous venons d'établir, en traitant la pression du fluide comme parfaitement égale à celle qui aurait lieu, si le pendule occupait la même place en s'y tenant immobile.

Soient u, v, w les vîtesses parallèles aux axes fixes des x, y, z d'une molécule quelconque du fluide : on pourra regarder ces vîtesses comme fonctions des quatre variables x, y, z, t et négliger les quantités de l'ordre de leur carré, si les oscillations du pendule sont fort petites. Alors on obtient, comme on sait, les équations

$$p = g\rho y - \rho \int \left\{ \left(\frac{du}{dt}\right) dx + \left(\frac{dv}{dt}\right) dy + \left(\frac{dw}{dt}\right) dz \right\} ;$$

$$o = \left(\frac{du}{dx}\right) + \left(\frac{dv}{dy}\right) + \left(\frac{dw}{dz}\right),$$

pour exprimer la pression et l'invariabilité de la masse d'un élément quelconque d'une masse fluide en mouvement, traitée comme pesante, homogène et incompressible. L'intégrale qu'on voit dans l'expression de p doit être prise en y considérant le temps t comme quantité constante : ainsi, cela revient à dire que, en regardant p comme une fonction des quatre variables x, y, z, t, on doit avoir

$$\left(\frac{du}{dt}\right) = \frac{d.\left\{gy - \frac{p}{\rho}\right\}}{dx},$$

d'où l'on tire

$$u = \int \frac{d.\left(gy - \frac{p}{\rho}\right)}{dx} . dt = \frac{d.\int \left(gy - \frac{p}{\rho}\right) dt}{dx} .$$

On obtient de même,

$$v = \frac{d.\int\left(gy - \frac{p}{\rho}\right)dt}{dy}; \qquad w = \frac{d.\int\left(gy - \frac{p}{\rho}\right)dt}{dz}.$$

Donc, les trois vîtesses u, v, w doivent être les coefficiens aux différences partielles d'une même fonction de x, y, z, t. De sorte que, si l'on fait

$$\int\left(gy - \frac{p}{\rho}\right)dt = \varphi(x, y, z, t),$$

on doit avoir; $u = \left(\frac{d\varphi.}{dx}\right)$; $v = \left(\frac{d\varphi.}{dy}\right)$; $w = \left(\frac{d\varphi.}{dz}\right)$; et

$$gy - \frac{p}{\rho} = \left(\frac{d\varphi.}{dt}\right);$$

$$\left(\frac{du}{dx}\right) + \left(\frac{dv}{dy}\right) + \left(\frac{dw}{dz}\right) = \left(\frac{d^2\varphi.}{dx^2}\right) + \left(\frac{d^2\varphi.}{dy^2}\right) + \left(\frac{d^2\varphi.}{dz^2}\right) = 0.$$

Ainsi, il s'agit d'examiner, si la force normale $\rho R = -\rho\left(\frac{d\varphi}{dt}\right)$, qui constitue le second terme de la pression p, peut rendre sensible la valeur de l'intégrale

$$-\rho\int(x'\cos\beta' - y'\cos\beta)\left(\frac{d\varphi}{dt}\right).d\lambda,$$

que nous savons être équivalente à l'intégrale

$$-\rho\int(x\cos\alpha' - y\cos\alpha)\left(\frac{d\varphi}{dt}\right).d\lambda:$$

si cela est, pour former la véritable équation du mouvement du pendule, il faudra remplacer l'équation (10) par celle-ci;

$$\frac{d^2\theta}{dt^2}.ML+gM\left(1-\frac{M'}{M}\right)\sin\theta=$$

$$\rho\iint r^2 Z\sin^2\omega\sin\psi f.\left\{a\frac{d\theta}{dt}Z\sin\omega\sin\psi\right\}d\omega\, d\psi$$

$$-\frac{\rho}{a}.\int(x'\cos\beta'-y'\cos\beta)\left(\frac{d\varphi}{dt}\right).d\lambda:$$

et comme on a vu dans le N.° 9 que, en employant les coordonnées polaires, on a

$$(x'\cos\beta'-y'\cos\beta)d\lambda=ar^2 Z\sin^2\omega\sin\psi.d\omega d\psi,$$

la nouvelle équation qu'il s'agit de considérer, sera

$$(14)\ \ldots\ldots \frac{d^2\theta}{dt^2}.ML+gM\left(1-\frac{M'}{M}\right)\sin\theta=$$

$$\rho\iint r^2 Z\sin^2\omega\sin\psi f.\left\{a\frac{d\theta}{dt}Z\sin\omega\sin\psi\right\}d\omega d\psi$$

$$-\rho\iint r^2 Z\sin^2\omega\sin\psi.\left(\frac{d\varphi}{dt}\right)d\omega\, d\psi.$$

(13) On ne peut aller plus loin sans avoir l'expression de $\left(\frac{d\varphi}{dt}\right)$ entre les mêmes coordonnées polaires r, ω, ψ. Cette circonstance oblige de transformer l'équation

$$\left(\frac{d^2\varphi}{dx^2}\right)+\left(\frac{d^2\varphi}{dy^2}\right)+\left(\frac{d^2\varphi}{dz^2}\right)=0,$$

qui sert à la définition de la fonction désignée par φ, dans une autre équivalente entre le coordonnées polaires. Or, il suffit d'écrire φ au lieu de N' dans les équations (A) posées dans le N.° 9, pour avoir immédiatement les valeurs de $\left(\frac{d\varphi}{dx'}\right)$, $\left(\frac{d\varphi}{dy'}\right)$, $\left(\frac{d\varphi}{dz'}\right)$; d'où on tire celles de $\left(\frac{d\varphi}{dx}\right)$, $\left(\frac{d\varphi}{dy}\right)$, $\left(\frac{d\varphi}{dz}\right)$, en observant que, en vertu des équations

$$x'=x\cos\theta-y\sin\theta\ ;\quad y'=x\sin\theta+y\cos\theta\ ;\quad z'=z\ ;$$

on a

$$\left(\frac{d\varphi}{dx}\right)=\left(\frac{d\varphi}{dx'}\right)\cos\theta+\left(\frac{d\varphi}{dy'}\right)\sin\theta\ ;$$

$$\left(\frac{d\varphi}{dy}\right)=\left(\frac{d\varphi}{dy'}\right)\cos\theta-\left(\frac{d\varphi}{dx'}\right)\sin\theta\ ;$$

$$\left(\frac{d\varphi}{dz}\right)=\left(\frac{d\varphi}{dz'}\right).$$

D'après cela il est facile de voir que,

$$\left(\frac{d^2\varphi}{dx^2}\right)+\left(\frac{d^2\varphi}{dy^2}\right)+\left(\frac{d^2\varphi}{dz^2}\right)=\left(\frac{d^2\varphi}{dx'^2}\right)+\left(\frac{d^2\varphi}{dy'^2}\right)+\left(\frac{d^2\varphi}{dz'^2}\right)\ ;$$

ce qui suffit pour démontrer que, dans le cas actuel, la fonction φ des quatre variables x, y, z, t peut être réductible au produit d'une fonction du temps, que je nomme $\Gamma(t)$, et d'une fonction des trois coordonnées x', y', z' que je désigne par $\varphi_1\,(x', y', z')$. De sorte que, on a

$$\left(\frac{d\varphi}{dt}\right)=\frac{d.\Gamma(t)}{dt}.\varphi_1(x',y',z')\ ;$$

la fonction $\varphi_1\,(x', y', z')$ étant telle que,

$$\left(\frac{d^2\varphi_1}{dx'^2}\right)+\left(\frac{d^2\varphi_1}{dy'^2}\right)+\left(\frac{d^2\varphi_1}{dz'^2}\right)=0\ :$$

mais, en vertu de l'équation (*B*) posée dans le N.° 9, cette équation est équivalente à

$$(15)\ldots\left(\frac{d^2.r\varphi_1}{dr^2}\right)+\frac{1}{r^2\sin\omega}\,\frac{d.\left\{\sin\omega\left(\frac{d.r\varphi_1}{d\omega}\right)\right\}}{d\omega}+\frac{1}{r^2\sin^2\omega}\left(\frac{d^2.r\varphi_1}{d\psi^2}\right)=0:$$

ainsi, on doit prendre pour φ_1 une fonction des trois variables r, ω, ψ qui ait la propriété de satisfaire à l'équation (15); ensuite on aura, pour déterminer l'angle θ, l'équation (14) immédiatement réductible à celle-ci ;

$$(16)\ldots\ \frac{d^2\theta}{dt^2}.ML+gM\left(1-\frac{M'}{M}\right)\sin\theta=$$

$$\rho\iint r^2 Z\sin^2\omega\sin\psi f.\left\{a\frac{d\theta}{dt}Z\sin\omega\sin\psi\right\}d\omega d\psi$$

$$-\rho\frac{d.\Gamma(t)}{dt}\iint r^2 Z\sin^2\omega\sin\psi.\varphi_1(r,\omega,\psi).d\omega d\psi\ .$$

Or il est évident que, jusqu'ici, la question demeure indéterminée, puisque, sans parler de la forme de la fonction f, rien ne détermine, ni la fonction du temps désignée par $\Gamma(t)$, ni les fonctions arbitraires qui entrent dans l'intégrale de l'équation (15).

(14) Pour diminuer par degrés cette indétermination, supposons d'abord qu'il est seulement question de fixer la valeur de $\Gamma(t)$. Les équations

$$\left(\frac{d\varphi}{dx}\right)=\left(\frac{d\varphi}{dx'}\right)\cos\theta+\left(\frac{d\varphi}{dy'}\right)\sin\theta\ ,$$

$$\left(\frac{d\varphi}{dy}\right)=\left(\frac{d\varphi}{dy'}\right)\cos\theta-\left(\frac{d\varphi}{dx'}\right)\sin\theta\ ,$$

$$\left(\frac{d\varphi}{dz}\right)=\left(\frac{d\varphi}{dz'}\right),$$

qu'on vient de poser plus haut, donnent ;

$$\left(\frac{d\varphi}{dx'}\right)=\Gamma(t).\left(\frac{d\varphi_1}{dx'}\right)=\left(\frac{d\varphi}{dx}\right)\cos\theta-\left(\frac{d\varphi}{dy}\right)\sin\theta=u_1\ ;$$

$$\left(\frac{d\varphi}{dy'}\right)=\Gamma(t).\left(\frac{d\varphi_1}{dy'}\right)=\left(\frac{d\varphi}{dx}\right)\sin\theta+\left(\frac{d\varphi}{dy}\right)\cos\theta=v_1\ ;$$

$$\left(\frac{d\varphi}{dz'}\right)=\Gamma(t).\left(\frac{d\varphi_1}{dz'}\right)=\left(\frac{d\varphi}{dz}\right)=w_1\ .$$

Ainsi il est évident, que les quantités u_{1}, v_{1}, w_{1} désignent les vîtesses parallèles aux axes mobiles des x', y', z' d'une molécule quelconque du fluide. Donc, relativement à une molécule fluide adjacente à la surface du pendule, la composante de ces mêmes vîtesses, dirigée suivant la normale, sera, respectivement; $u_{1}\cos\beta$, $v_{1}\cos\beta'$, $w_{1}\cos\beta''$: partant la somme $u_{1}\cos\beta + v_{1}\cos\beta' + w_{1}\cos\beta''$ exprime la composante, suivant la même normale, de la vîtesse absolue $\sqrt{u^2+v^2+w^2}=\sqrt{u_{1}^2+v_{1}^2+w_{1}^2}$ de la même molécule fluide adjacente à la surface du pendule.

Mais nous avons (Voyez N.os 1 et 9);

$$u_{1}\cos\beta+v_{1}\cos\beta'+w_{1}\cos\beta''=-U\left\{\left(\frac{dN'}{dx'}\right)u_{1}+\left(\frac{dN'}{dy'}\right)v_{1}+\left(\frac{dN'}{dz'}\right)w_{1}\right\}$$

$$=-U\left(\frac{dN'}{dr}\right)\left\{u_{1}\sin\omega\sin\psi+v_{1}\sin\omega\cos\psi+w_{1}\cos\omega\right\}$$

$$-\frac{U}{r}\left(\frac{dN'}{d\omega}\right)\left\{u_{1}\cos\omega\sin\psi+v_{1}\cos\omega\cos\psi-w_{1}\sin\omega\right\}$$

$$-\frac{U}{r\sin\omega}\left(\frac{dN'}{d\psi}\right)\left\{u_{1}\cos\psi-v_{1}\sin\psi\right\}.$$

Donc, en substituant ici au lieu de u_{1}, v_{1}, w_{1} leurs valeurs en fonctions des coordonnées polaires, déduites des formules (A) posées dans le N.° 9, il viendra

$$(17)\ \ldots\ldots\ u_{1}\cos\beta+v_{1}\cos\beta'+w_{1}\cos\beta''=$$

$$-\Gamma(t).\left\{1+P^2+Q^2\right\}^{-\frac{1}{2}}\left\{\left(\frac{d\varphi_{1}}{dr}\right)+\frac{1}{r}\left(\frac{d\varphi_{1}}{d\omega}\right)P+\left(\frac{d\varphi_{1}}{d\psi}\right).\frac{Q}{r\sin\omega}\right\}.$$

Maintenant, si l'on admet, que les molécules fluides adjacentes à la surface du pendule se meuvent en glissant sur cette surface, on ne pourra exprimer autrement cette circonstance qu'en égalant la composante $r'\cos\xi.\frac{d\theta}{dt}$ de l'élément superficiel $d\lambda$, suivant la normale, à la composante suivant la même normale de l'élément de la masse fluide : ce qui fournit l'équation

$$r' \cos\xi . \frac{d\theta}{dt} = u_1 \cos\beta + v_1 \cos\beta' + w_1 \cos\beta'' ,$$

laquelle, en vertu de l'équation (17) et de celles trouvées dans le N.° 9, est équivalente à celle-ci;

$$(C) \ldots \left\{ \begin{array}{l} -\Gamma(t) \left\{ \left(\frac{d\varphi_1}{dr}\right) + \frac{P}{r}\left(\frac{d\varphi_1}{d\omega}\right) + \frac{Q}{r \sin\omega}\left(\frac{d\varphi_1}{d\psi}\right) \right\} = \\ a\frac{d\theta}{dt} . \sin\omega \sin\psi \left\{ 1 + P\cot\omega + Q\left[\frac{r}{a\sin\psi} + \frac{\cot\psi}{\sin\omega}\right] \right\}. \end{array} \right.$$

Comme cette équation doit être satisfaite *par identité*, il est clair que les deux facteurs $\Gamma(t)$ et $a . \frac{d\theta}{dt}$, qui, seuls renferment le temps dans les deux membres, doivent être égaux : et si l'on disait qu'on peut aussi prendre $\Gamma(t) = k . a\frac{d\theta}{dt}$; k désignant un coefficient constant, rien n'empêcherait d'imaginer ce facteur k attaché à la fonction φ_1, ce qui ramène à l'équation $\Gamma(t) = a\frac{d\theta}{dt}$.

Les composantes u_1, v_1, w_1 de la vîtesse des molécules fluides devenant par là exprimées par

$$a\frac{d\theta}{dt}\left(\frac{d\varphi_1}{dx'}\right), \quad a\frac{d\theta}{dt}\left(\frac{d\varphi_1}{dy'}\right), \quad a\frac{d\theta}{dt}\left(\frac{d\varphi_1}{dz'}\right),$$

il est essentiel de ne pas perdre de vue, que ces formules conviennent non seulement aux molécules fluides actuellement adjacentes à la surface du pendule, mais aussi aux autres molécules de la masse fluide : de sorte que la vîtesse absolue

$$\sqrt{u_1^2 + v_1^2 + w_1^2} = a\frac{d\theta}{dt}\sqrt{\left(\frac{d\varphi_1}{dx'}\right)^2 + \left(\frac{d\varphi_1}{dy'}\right)^2 + \left(\frac{d\varphi_1}{dz'}\right)^2}$$

sera effectivement telle pour un point de la masse fluide qui aurait les coordonnées x', y', z'.

En substituant dans l'équation (16) $a\frac{d\theta}{dt}$ au lieu de $\Gamma(t)$ et observant que, la double intégrale qui multiplie $\frac{d.\Gamma(t)}{dt}$ doit être prise, par sa nature, entre les limites $\omega=0$, $\omega=\pi$, $\psi=0$, $\psi=2\pi$, on aura

$$(18) \ldots\ldots \frac{d^2\theta}{dt^2}.ML+gM\left(1-\frac{M'}{M}\right)\sin\theta=$$

$$\rho\iint r^2 Z\sin^2\omega\sin\psi f.\left\{a\frac{d\theta}{dt}Z\sin\omega\sin\psi\right\}d\omega\, d\psi$$

$$-\rho a\frac{d^2\theta}{dt^2}\int_0^\pi\int_0^{2\pi} r^2 Z.\varphi_1(r,\omega,\psi)\sin^2\omega\sin\psi.d\omega d\psi.$$

La fonction φ_1 devra satisfaire à l'équation (15) pour une valeur quelconque du rayon vecteur r; et pour les valeurs spéciales de r qui répondent à la surface du pendule, l'équation (C) donne

$$-\left(\frac{d\varphi_1}{dr}\right)-\frac{P}{r}\left(\frac{d\varphi_1}{d\omega}\right)-\frac{Q}{r\sin\omega}\left(\frac{d\varphi_1}{d\psi}\right)$$

$$=\sin\omega\sin\psi+P\cos\omega\sin\psi+Q\left\{\frac{r}{a}\sin\omega+\cos\psi\right\};$$

ou bien (en substituant pour P et Q leurs valeurs posées dans le N.° 9)

$$(19)\ldots\left\{\begin{array}{l}-r^2\left(\frac{d\varphi_1}{dr}\right)\left(\frac{dN'}{dr}\right)-\left(\frac{d\varphi_1}{d\omega}\right)\left(\frac{dN'}{d\omega}\right)-\frac{1}{\sin^2\omega}\left(\frac{d\varphi_1}{d\psi}\right)\left(\frac{dN'}{d\psi}\right)\\ =r^2\left(\frac{dN'}{dr}\right)\sin\omega\sin\psi+r\left(\frac{dN'}{d\omega}\right)\cos\omega\sin\psi+r\left(\frac{dN'}{d\psi}\right)\left\{\frac{r}{a}+\frac{\cos\psi}{\sin\omega}\right\}.\end{array}\right.$$

(15) Si l'on observe maintenant, que l'équation (15) coïncide précisément avec l'équation fondamentale de la théorie de l'attraction

des sphéroïdes; et que là, comme ici, la fonction $\varphi_1(r, \omega, \psi)$ doit diminuer à mesure que la distance r augmente (puisque les vîtesses des molécules fluides diminuent à mesure qu'on s'éloigne de la surface du pendule) on en conclura que la véritable forme de la fonction $r\varphi_1$ qui convient au problème actuel est celle-ci ;

$$r\varphi_1 = V_0 + \frac{V_1}{r} + \frac{V_2}{r^2} + \frac{V_3}{r^3} \ldots + \frac{V_n}{r^n} + \text{etc.} ;$$

où V_n représente une fonction entière et rationnelle, du dégré n, des trois quantités $\cos\omega$, $\sin\omega\sin\psi$, $\sin\omega\cos\psi$ qui satisfait à l'équation (15), pourvu qu'on ait identiquement une équation analogue à l'équation (12); c'est-à-dire

$$(20)\ldots \frac{d.\left\{\sin\omega.\frac{dV_n}{d\omega}\right\}}{\sin\omega.d\omega} + \frac{1}{\sin^2\omega}\frac{d^2V_n}{d\psi^2} + n(n+1)V_n = 0.$$

Comme on connaît la forme des fonctions V_n, la question est maintenant réduite à déterminer, à l'aide de l'équation $N' = 0$ et de l'équation (19), les coefficiens constans que ces fonctions renferment. Il est d'abord évident par cette seule considération, qu'on doit avoir, en général, $V_0 = 0$; ce qui donne

$$(21)\ldots\ldots \varphi_1 = \frac{V_1}{r^2} + \frac{V_2}{r^3} + \frac{V_3}{r^4} \ldots + \frac{V_n}{r^{n+1}} + \text{etc.}$$

Ainsi en supposant, par exemple, que le pendule est formé par une sphère du rayon c attachée à l'axe de rotation par un fil dont la longueur depuis le centre à ce même axe est a, on aura

$$N' = r - c = 0 ;$$

ce qui réduit l'équation (19) à $-c^2\left(\frac{d\varphi_1}{dr}\right) = c^2\sin\omega\sin\psi$. De sorte que, en substituant pour $\left(\frac{d\varphi_1}{dr}\right)$ sa valeur $-\frac{2V_1}{r^3} - \frac{3V_2}{r^4} - \frac{4V_3}{r^5} - \text{etc.}$

fournie par l'équation (21), nous avons après avoir fait $r=c$;

$$\frac{2V_1}{c^3}+\frac{3V_2}{c^4}+\frac{4V_3}{c^5}+\text{etc.}=\sin\omega\sin\psi.$$

Or il est manifeste, que cette équation ne peut devenir identique, sans faire $V_1=\frac{c^3}{2}\sin\omega\sin\psi$; et $V_2=0$, $V_3=0$, $V_4=0$ etc. à l'infini. Donc, relativement au pendule sphérique, on a

$$\varphi_1=\frac{c^3}{2r^2}\sin\omega\sin\psi;$$

et l'intégrale double multipliée par $-\rho a\frac{d^2\theta}{dt^2}$, qu'on voit dans le second membre de l'équation (18) devient, à cause de $Z=1$;

$$\int_0^\pi\int_0^{2\pi}\frac{c^3}{2}\sin^3\omega\sin^2\psi.d\omega d\psi=\frac{2}{3}\pi c^3.$$

Mais $\rho.\frac{2}{3}\pi c^3=\frac{M'}{2}$: donc, l'équation (18) donne pour déterminer le mouvement du pendule sphérique;

$$(22)\ldots\ \frac{d^2\theta}{dt^2}\left(ML+\frac{M'a}{2}\right)+gM\left(1-\frac{M'}{M}\right)\sin\theta=$$

$$\rho c^2\iint\sin^2\omega\sin\psi f.\left\{a\frac{d\theta}{dt}\sin\omega\sin\psi\right\}d\omega d\psi;$$

ou bien

$$(23)\ldots\ \frac{d^2\theta}{dt^2}+\frac{g\left(1-\frac{M'}{M}\right)}{L\left\{1+\frac{M'a}{2ML}\right\}}\sin\theta=$$

$$\frac{\rho c^2}{ML}\iint\sin^2\omega\sin\psi f.\left\{a\frac{d\theta}{dt}\sin\omega\sin\psi\right\}d\omega d\psi.$$

Mais on peut faire ici, sans erreur sensible, $a = L$, et

$$\frac{g}{L}\,\frac{\left(1-\frac{M'}{M}\right)}{1+\frac{M'}{M}\cdot\frac{a}{2L}} = \frac{g}{L}\left(1-\frac{3}{2}\frac{M'}{M}\right);$$

ce qui réduit l'équation (23) à celle-ci:

$$(24)\ \ldots\ldots \frac{d^2\theta}{dt^2} + \frac{g}{L}\left(1-\frac{3}{2}\frac{M'}{M}\right) =$$

$$\frac{c^2\rho}{ML}\iint \sin^2\omega \sin\psi f.\left\{a\frac{d\theta}{dt}\sin\omega\sin\psi\right\} d\omega\, d\psi\,.$$

Telle est la méthode qui m'a paru la plus directe pour démontrer, à l'égard d'un fluide incompressible, le résultat énoncé dans la page 363 du premier Volume de la Mécanique de Mr *Poisson* (Edition de 1833).

(16) L'équation (22) donne lieu à une conséquence remarquable que je vais développer. En multipliant par $2 a d\theta$ les deux membres de cette équation et intégrant ensuite, par rapport au temps, de manière que la valeur de $\frac{d\theta}{dt}$ soit nulle avec la valeur initiale α de θ, on tire de là;

$$(22)' \ldots \left\{\begin{array}{l} \left(\frac{d\theta}{dt}\right)^2 \left\{MaL + \frac{M'a^2}{2}\right\} - 2ag(M-M')(\cos\theta - \cos\alpha) = \\ \qquad \rho c^2 \int dt \iint \sin^2\omega \sin\psi\, a\frac{d\theta}{dt} f.\left\{a\frac{d\theta}{dt}\sin\omega\sin\psi\right\} d\omega\, d\psi\,. \end{array}\right.$$

On a vu dans le N.° 2, que le produit MaL est équivalent à l'intégrale $Sr''^2 dm$ étendue à la masse totale du pendule. De sorte que, on a $\left(\frac{d\theta}{dt}\right)^2 MaL = S\left(r''\frac{d\theta}{dt}\right)^2 dm$; ce qui revient à dire que la quantité $\left(\frac{d\theta}{dt}\right)^2 MaL$ exprime la somme des forces vives de toutes les molécules du pendule. En considérant sous ce point de vue le terme $\left(\frac{d\theta}{dt}\right)^2\frac{a^2M'}{2}$, on peut démontrer qu'il exprime de même la somme des forces vives de toutes les molécules fluides qui s'étendent, sphériquement, depuis la surface du pendule jusqu'à l'infini. En effet; puisque

$$\varphi_1 = \frac{c^3}{2r^2}\sin\omega\sin\psi\ ,$$

on a

$$\left(\frac{d\varphi_1}{dr}\right) = -\frac{c^3}{r^3}\sin\omega\sin\psi\ ;\quad \left(\frac{d\varphi_1}{d\omega}\right)\frac{1}{r} = \frac{c^3}{2r^3}\cos\omega\sin\psi\ ;$$

$$\left(\frac{d\varphi_1}{d\psi}\right)\frac{1}{r\sin\omega} = \frac{c^3}{2r^3}\cos\psi :$$

donc en désignant par V' la vîtesse absolue d'une molécule fluide quelconque, nous avons

$$V' = \sqrt{u_1^2 + v_1^2 + w_1^2} = a\frac{d\theta}{dt}\sqrt{\left(\frac{d\varphi_1}{dr}\right)^2 + \frac{1}{r^2}\left(\frac{d\varphi_1}{d\omega}\right)^2 + \frac{1}{r^2\sin^2\omega}\left(\frac{d\varphi_1}{d\psi}\right)^2}\ ;$$

c'est-à-dire

$$V' = a\frac{d\theta}{dt}\cdot\frac{c^3}{2r^3}\sqrt{1 + 3\sin^2\omega\sin^2\psi}\ .$$

Cela posé; soit dm' l'élément différentiel de la masse du fluide, dont les coordonnées polaires sont r, ω, ψ: on aura

$$dm' = \rho r^2\sin\omega . dr\, d\omega\, d\psi\ ;$$

et

$$SV'^2 dm' = \frac{\rho a^2 c^6}{4}\left(\frac{d\theta}{dt}\right)^2\iiint\frac{dr}{r^4}.d\omega\, d\psi\sin\omega\,\{1 + 3\sin^2\omega\sin^2\psi\}\ .$$

Or, il est facile de voir que on a;

$$\int_c^\infty\frac{dr}{r^4} = \frac{1}{3c^3}\ ;\quad \int_0^\pi\!\!\int_0^{2\pi} d\omega\, d\psi\sin\omega\,\{1 + 3\sin^2\omega\sin^2\psi\} = 8\pi\ ;$$

partant ;

$$SV'^2 dm' = \frac{\rho . 2\pi}{3} c^3 \left(a\frac{d\theta}{dt}\right)^2 = \frac{M'}{2}\left(a\frac{d\theta}{dt}\right)^2.$$

Il suit de là que l'équation $(22)'$ peut être mise sous la forme

$$(22)''\ldots\left\{\begin{array}{l} S\left(r''\frac{d\theta}{dt}\right)^2 dm + SV'^2 dm' = 2ag(M-M')(\cos\theta - \cos\alpha) \\ +\rho c^2 \int dt \iint \sin^2\omega \sin\psi\, a\frac{d\theta}{dt} f.\left\{a\frac{d\theta}{dt}\sin\omega\sin\psi\right\} d\omega\, d\psi\,. \end{array}\right.$$

Telle est la véritable équation du mouvement du pendule lorsqu'on veut l'exprimer d'après *le principe des forces vives*. Si M.r *J. Challis* obtient (Voyez page 186 du Journal intitulé *The London and Edinburgh Philosophical magazine and Journal of science* N.° 15. *September* 1833) ;

$$SV'^2 dm' = \frac{4\pi\rho c^3}{3}\left(a\frac{d\theta}{dt}\right)^2 = M'\left(a\frac{d\theta}{dt}\right)^2$$

au lieu de $SV'^2 dm' = \frac{M'}{2}\left(a\frac{d\theta}{dt}\right)^2$, cela tient à ce qu'il prend

$$V' = a\frac{d\theta}{dt}.\frac{c^2\cos\omega}{r^2},$$

tandis que la théorie que je viens d'exposer démontre qu'on doit prendre

$$V' = a\frac{d\theta}{dt}.\frac{c^3}{2r^3}\sqrt{1+3\sin^2\omega\sin^2\psi}\,.$$

Et à cet égard, je ne puis admettre ce principe de M.r *J. Challis,* comme une conséquence de la théorie des fluides (*).

En lisant le N.° 62 du Journal intitulé *L'Institut* j'apprends que M.r *George Green* s'est aussi occupé de cette théorie. Comme je n'ai pas dans ce moment l'ouvrage de M.r *Green* , je me borne à cette citation.

(*) Voyez à la fin de ce Mémoire la traduction de l'article de M. *J. Challis* inséré dans le Journal cité.

(17) Je reprends un moment la considération de l'équation (23) pour faire observer que, en désignant par Mk^2 le moment d'inertie du pendule par rapport à un axe parallèle à l'axe de rotation mené par le centre de gravité, on a $L=a+\frac{k^2}{a}$. De sorte que, si l'on fait

$$L'=\frac{L+\frac{M'}{M}\cdot\frac{a}{2}}{1-\frac{M'}{M}}=\frac{a+\frac{k^2}{a}+\frac{M'}{M}\cdot\frac{a}{2}}{1-\frac{M'}{M}},$$

on pourra regarder la ligne L' comme la longueur du pendule simple isochrone avec le pendule composé, dans le vide. Pour un autre axe de rotation parallèle au premier, perpendiculaire à la ligne désignée par a et éloigné d'une quantité a' du centre de gravité, en nommant L'' la valeur correspondante de L', on aurait

$$L''=\frac{a'+\frac{k^2}{a'}+\frac{M'}{M}\cdot\frac{a'}{2}}{1-\frac{M'}{M}}.$$

Donc, si l'on veut qu'on ait $L''=L'$, il faudra tirer la valeur de a' de l'équation

$$a+\frac{k^2}{a}+\frac{M'}{M}\cdot\frac{a}{2}=a'+\frac{k^2}{a'}+\frac{M'}{M}\cdot\frac{a'}{2},$$

laquelle donne

$$a'=\frac{a\left(1+\frac{1}{2}\frac{M'}{M}\right)+\frac{k^2}{a}\pm\left\{a\left(1+\frac{1}{2}\frac{M'}{M}\right)-\frac{k^2}{a}\right\}}{2\left(1+\frac{1}{2}\frac{M'}{M}\right)};$$

c'est-à-dire $a'=a$, et

$$a'=\frac{k^2}{a\left(1+\frac{1}{2}\frac{M'}{M}\right)}.$$

Il suit de là que

$$a+a'=a+\frac{k^2}{a\left(1+\frac{1}{2}\frac{M'}{M}\right)}=L-\frac{k^2}{2a}\cdot\frac{M'}{M}$$

est la distance des deux axes de rotation parallèles et isochrones. Il faudrait donc ajouter à cette distance, *déterminée par l'expérience*, la petite portion $\frac{k^2}{2a}\cdot\frac{M'}{M}$ pour avoir la valeur de L, c'est-à-dire la longueur du pendule simple, qui, dans le vide, serait isochrone avec le pendule composé. Cette modification, due à la pression du fluide en mouvement, n'est ici démontrée que pour la sphère: mais on conçoit que, pour un corps quelconque, on aurait

$$L'=\frac{a+\frac{k^2}{a}+\frac{M'}{M}\cdot\frac{qa}{2}}{1-\frac{M'}{M}};$$

q désignant un coefficient numérique, d'où on tirera

$$a+a'=L-\frac{qk^2}{2a}\cdot\frac{M'}{M}.$$

L'état du fluide en mouvement apporte donc dans le théorême d'*Huygens*, sur la réciprocité des axes de suspension et d'oscillation, une modification analogue à celle qui a lieu pour le théorême d'*Archimède* sur la perte du poids des corps plongés dans un fluide.

L'expression de $\frac{k^2}{a}$ qui entre dans l'équation précédente, exige la connaissance des trois axes principaux qui se coupent au centre de gravité du pendule, et celle des momens d'inertie A, B, C qui s'y rapportent. Alors, en nommant ε, ε', ε'' les angles correspondans formés avec les axes principaux par la parallèle à l'axe de suspension menée par le centre de gravité, on a

$$\frac{k^2}{a}=\frac{A\cos^2\varepsilon+B\cos^2\varepsilon'+C\cos^2\varepsilon''}{Ma};$$

et par conséquent

$$a+a'=L-\frac{q}{2}\frac{M'}{M}\left\{\frac{A\cos^2\varepsilon+B\cos^2\varepsilon'+C\cos^2\varepsilon''}{Ma}\right\}.$$

Si l'on veut diminuer autant que possible le second terme de cette expression, il faudra disposer l'axe de suspension de manière qu'on ait $\varepsilon=0$, $\varepsilon'=90^\circ$, $\varepsilon''=90^\circ$; A étant le plus petit des trois momens d'inertie.

(18) Supposons maintenant que le pendule est terminé par une surface de révolution : alors, on aura $\left(\frac{dN'}{d\psi}\right)=0$; ce qui réduit l'équation (19) à celle-ci ;

$$(25)\ldots\quad -r^2\left(\frac{d\varphi_1}{dr}\right)\left(\frac{dN'}{dr}\right)-\left(\frac{d\varphi_1}{d\omega}\right)\left(\frac{dN'}{d\omega}\right)=r^2\left(\frac{dN'}{dr}\right)\sin\omega\sin\psi$$
$$+r\left(\frac{dN'}{d\omega}\right)\cos\omega\sin\psi.$$

Cela posé, on conçoit qu'il faut ici prendre pour V_1, V_2, V_3, ... V_n etc. la seule partie de leur expression générale qui a pour facteur $\sin\psi$: en conséquence l'équation (21) deviendra dans ce cas;

$$\varphi_1=\sin\omega\sin\psi\left\{\frac{A_1}{r^2}\frac{d\overset{(1)}{X}}{dx}+\frac{A_2}{r^3}\frac{d\overset{(2)}{X}}{dx}+\frac{A_3}{r^4}\frac{d\overset{(3)}{X}}{dx}+\text{etc.}\right\};$$

A_1, A_2, A_3... A_n etc. étant des coefficiens constans, et $\overset{(1)}{X}$, $\overset{(2)}{X}$, $\overset{(3)}{X}$, ... $\overset{(n)}{X}$ etc. des fonctions entières et rationnelles de $\cos\omega=x$, dont le terme général est

$$\overset{(n)}{X}=\frac{1.3.5\ldots 2n-1}{1.2.3\ldots n}x^n-\frac{1.3.5\ldots 2n-3}{1.2.3\ldots n-2}\cdot\frac{x^{n-2}}{2}+\frac{1.3.5\ldots 2n-5}{1.2.3\ldots n-4}\cdot\frac{x^{n-4}}{2.4}$$
$$-\frac{1.3.5\ldots 2n-7}{1.2.3\ldots n-6}\cdot\frac{x^{n-6}}{2.4.6}+\text{etc.}$$

(Voyez les pages 248 et 270 du Tome 2 des *Exercices de Calcul Intégral par Legendre*).

On peut ici supposer l'équation $N'=0$ de la surface du pendule ramenée à la forme

$$N'=\frac{1}{r}-F(\cos\omega)=\frac{1}{r}-F(x)=0\,;$$

et alors l'équation (25) donne

$$0=\left(\frac{d\varphi_1}{dr}\right)F(x)-\left(\frac{d\varphi_1}{d\omega}\right)\sin\omega.F(x).F'(x)$$
$$+\sin\omega\sin\psi\left\{F(x)-\cos\omega F'(x)\right\}:$$

de sorte que en substituant pour φ_1 sa valeur on obtient;

$$0=F(x)-xF'(x)-F(x)\left\{\frac{2A_1}{r^3}\frac{d\overset{(1)}{X}}{dx}+\frac{3A_2}{r^4}\frac{d\overset{(2)}{X}}{dx}+\frac{4A_3}{r^5}\frac{d\overset{(3)}{X}}{dx}+\text{etc.}\right\}$$
$$-xF(x)F'(x)\left\{\frac{A_1}{r^2}\frac{d\overset{(1)}{X}}{dx}+\frac{A_2}{r^3}\frac{d\overset{(2)}{X}}{dx}+\frac{A_3}{r^4}\frac{d\overset{(3)}{X}}{dx}+\text{etc.}\right\}$$
$$+(1-x^2)F(x)F'(x)\left\{\frac{A_1}{r^2}\frac{d^2\overset{(1)}{X}}{dx^2}+\frac{A_2}{r^3}\frac{d^2\overset{(2)}{X}}{dx^3}+\frac{A_3}{r^4}\frac{d^2\overset{(3)}{X}}{dx^2}+\text{etc.}\right\},$$

en se rappelant que $F'(x)=\frac{d.F(x)}{dx}$. Si l'on écrit au lieu de $\frac{1}{r}$ sa valeur $F(x)$, il viendra

$$(26)\ldots\ 0=F(x)-xF'(x)-\overline{F(x)}^{4}\left\{2A_1\frac{d\overset{(1)}{X}}{dx}+3A_2F(x)\frac{d\overset{(2)}{X}}{dx}+\text{etc.}\right\}$$
$$-xF'(x)\overline{F(x)}^{3}\left\{A_1\frac{d\overset{(1)}{X}}{dx}+A_2F(x)\frac{d\overset{(2)}{X}}{dx}+\text{etc.}\right\}$$
$$+(1-x^2)F'(x)\overline{F(x)}^{3}\left\{A_1\frac{d^2\overset{(1)}{X}}{dx^2}+A_2F(x)\frac{d^2\overset{(2)}{X}}{dx^2}+\text{etc.}\right\};$$

où l'on a

$$\frac{dX^{(1)}}{dx}=1\ ;\quad \frac{dX^{(2)}}{dx}=3x\ ;\quad \frac{dX^{(3)}}{dx}=\frac{15}{2}x^2-\frac{3}{2}\ ;\quad \frac{dX^{(4)}}{dx}=\frac{35}{2}x^3-\frac{15}{2}x\ ;\ \text{etc.}:$$

on déterminera les coefficients A_1, A_2, A_3 etc. d'après la condition que l'équation (26) doit se vérifier par identité. Mais si, l'on excepte la sphère, je ne vois pas comment on pourra déduire de là les valeurs de ces coefficients. Il me semble que, cette condition sera souvent impossible à remplir, ce qui me porte à croire que l'hypothèse qu'on a faite, savoir; que les points de la surface du pendule ont, à chaque instant, dans le sens de la normale, une vîtesse précisément égale à celle des molécules fluides qui lui sont adjacentes, n'est pas toujours admissible dans ce mouvement. Si je ne me trompe, il se présente ici une impossibilité analogue à celle que M.r *Poisson* a rencontré en voulant soumettre à l'analyse le problême relatif aux petites oscillations de l'eau contenue dans un cylindre. Lorsque la surface initiale du fluide est un plan incliné, on ne peut satisfaire à l'ensemble des équations du mouvement, établies conformément aux principes généraux exposés par *Lagrange* dans sa Mécanique Analytique.

(19) Cependant, s'il était question d'un sphéroïde peu différent d'une sphère ayant pour équation

$$\frac{1}{r}=\frac{1}{c}\left\{1+k\Pi(\omega,\psi)\right\},$$

où k désigne un petit coefficient constant et $\Pi(\omega,\psi)$ une fonction donnée de ω et ψ, on pourrait, en admettant que la fonction du temps $\Gamma(t)$ est égale ou peu différente de $a\frac{d\theta}{dt}$, revenir sur l'équation (18), et réduire considérablement le terme multiplié par $-\rho a\frac{d^2\theta}{dt^2}$, d'après la considération suivante.

Il est permis, en vertu du principe rappelé dans le N.° 10, de poser l'équation

$$Z.\sin\omega\sin\psi = \sin\omega\sin\psi + Q_2 + Q_3 + Q_4 + \text{etc.},$$

Q_n étant une fonction semblable à Y_n qui satisfait à l'équation (12). Mais, dans le cas de la sphère, qui répond à $k=0$, on a $Q_2=0$, $Q_3=0$, ... $Q_n=0$. Donc, dans le cas d'un sphéroïde peu différent d'une sphère, on peut regarder ces quantités comme fort petites, et du même ordre de petitesse que le coefficient k. Or nous avons

$$r^2\varphi_1(r,\omega,\psi) = V_1 + \frac{V_2}{r} + \frac{V_3}{r^2} \ldots + \frac{V_n}{r^{n-1}} + \text{etc.}$$

et les quantités V_2, V_3, ... V_n etc., qui étaient nulles dans le cas de la sphère, seront aussi du même ordre de petitesse que la quantité k dans le cas actuel. Donc, en négligeant les quantités de l'ordre du carré de k, on pourra faire $r=c$ dans l'expression précédente de $r^2\varphi_1(r,\omega,\psi)$; ce qui donne

$$r^2 Z.\varphi_1(r,\omega,\psi).\sin\omega\sin\psi = \left(\sin\omega\sin\psi + Q_2 + Q_3 + Q_4 + \text{etc.}\right)$$
$$\times\left(V_1 + \frac{V_2}{c} + \frac{V_3}{c^2} + \frac{V_4}{c^3} + \text{etc.}\right).$$

Cela posé, il est manifeste que, en appliquant ici le théorême

$$\int_0^\pi\int_0^{2\pi} Y_n Y'_m d\omega\sin\omega.d\psi = 0$$

déjà cité dans le N.° 10, on a, en négligeant les termes de l'ordre du carré de k;

$$\int_0^\pi\int_0^{2\pi} r^2 Z\,\varphi_1(r,\omega,\psi)\sin^2\omega\sin\psi\, d\omega d\psi = \int_0^\pi\int_0^{2\pi} V_1\sin^2\omega\sin\psi.d\omega d\psi.$$

Mais ici, on doit prendre pour V_1 la valeur $\frac{c^3}{2}\sin\omega\sin\psi$ qui convient à la sphère du rayon c; partant on retombe sur le résultat obtenu pour la sphère.

(20) Si le pendule est formé par un parallèlipipède rectangle tel que celui qui a été défini dans le N.° 5, la condition exprimée dans le N.° 14 par l'équation

$$u_1\cos\beta+v_1\cos\beta'+w_1\cos\beta''=-U\left\{\left(\frac{dN'}{dx'}\right)u_1+\left(\frac{dN'}{dy'}\right)v_1+\left(\frac{dN'}{dz'}\right)w_1\right\}$$

se trouve identiquement satisfaite, puisque on a

$$\beta=180^\circ,\quad \beta'=90^\circ,\quad \beta''=90^\circ,\ \text{et}\ N'=x'-\textit{constante}=0$$

pour l'équation de la surface antérieure du pendule. Donc, relativement à ce pendule, l'équation générale

$$\frac{d^2\theta}{dt^2}MLa+Mga\left(1-\frac{M'}{M}\right)\sin\theta=\iint\frac{\rho R\left\{y'\left(\frac{dN'}{dx'}\right)-x'\left(\frac{dN'}{dy'}\right)\right\}dy'dz'}{\left(\frac{dN'}{dx'}\right)}$$

doit être réduite à

$$\frac{d^2\theta}{dt^2}MLa+Mga\left(1-\frac{M'}{M}\right)\sin\theta=\iint\rho R.y'dy'dz'.$$

Or, en appliquant ici le raisonnement fait dans les N.os 13 et 14, on conçoit d'abord que, on doit prendre

$$\rho R=-\rho\frac{d\varphi}{dt}=-\rho a\frac{d^2\theta}{dt^2}.\varphi_1(x',y',z').$$

Maintenant, il est assez naturel d'admettre que, dans ce cas particulier, les vîtesses

$$u_1=a\frac{d\theta}{dt}\left(\frac{d\varphi_1}{dx'}\right),\quad v_1=a\frac{d\theta}{dt}\left(\frac{d\varphi_1}{dy'}\right),\quad w_1=a\frac{d\theta}{dt}\left(\frac{d\varphi_1}{dz'}\right),$$

définies dans le N.° 14, sont telles que, on a $v_1 = 0$, $w_1 = 0$, et $u_1 = a\frac{d\theta}{dt}$: car il n'y a aucune raison qui favorise le glissement des molécules fluides sur la surface du pendule plutôt dans un sens que dans un autre. En conséquence nous ferons $\varphi_1(x',y',z') = x'$. Mais dans l'évaluation de la double intégrale précédente, on doit prendre pour $\varphi_1(x',y',z')$ la valeur qui répond à la surface du pendule; ainsi nous y ferons $x' = \frac{H}{2}$; H étant l'épaisseur du parallèlipipède; c'est-à-dire sa dimension dans le sens des x'.

Cela posé, il est clair que, en nommant B sa dimension dans le sens des z', on a

$$\iint \rho R y' dy' dz' = -\rho a \frac{d^2\theta}{dt^2} \cdot \frac{H}{2} B \int y' dy' = -\rho a \frac{d^2\theta}{dt^2} \cdot \frac{HB(A^2 - C^2)}{4};$$

où A et C ont la signification déjà définie dans le N.° 5. D'après cela on voit que $\frac{A+C}{2} = a$, et que le produit $\rho HB(A - C) = M'$: partant l'équation précédente du mouvement de ce pendule devient;

$$\frac{d^2\theta}{dt^2}\left(ML + \frac{M'a}{2}\right) + Mg\left(1 - \frac{M'}{M}\right)\sin\theta = 0.$$

En introduisant dans le second membre de cette équation le terme dû au choc du fluide, c'est-à-dire le terme

$$\frac{\mu'}{2}\left(\frac{d\theta}{dt}\right)^2 = \frac{\frac{\mu}{2}\left(\frac{d\theta}{dt}\right)^2}{1 + \frac{M'a}{2ML}},$$

semblable à celui qui constitue le second membre de l'équation (6), on conclura de là, comme dans le N.° 16, que,

$$\frac{d^2\theta}{dt^2} + \frac{g}{L}\left(1 - \frac{3}{2}\cdot\frac{M'}{M}\right)\sin\theta = \frac{\mu'}{2}\left(\frac{d\theta}{dt}\right)^2,$$

est l'équation du mouvement de ce pendule, en supposant la résistance proportionnelle au carré de la vîtesse.

(21) Jusqu'ici il n'a été question que de forces dont la direction est normale à la surface du pendule; mais nous avons déjà dit que les molécules fluides glissent sur la même surface : ce glissement donne nécessairement naissance à une espèce de frottement qui doit avoir de l'influence sur le mouvement du pendule, puisque son effet est équivalent à celui d'une force retardatrice dirigée suivant le plan tangent. Pour connaître l'expression analytique du moment de cette nouvelle force, observons d'abord que, les élémens $d\lambda$ de la surface du pendule ont, parallèlement aux axes mobiles des x', y', les vîtesses absolues $y'\frac{d\theta}{dt}$, $-x'\frac{d\theta}{dt}$, tandis que les molécules fluides adjacentes aux mêmes élémens superficiels ont, suivant les mêmes axes (voyez N.° 14) les vîtesses

$$u_1 = \Gamma(t)\left(\frac{d\varphi_1}{dx'}\right) = a\frac{d\theta}{dt}\cdot\left(\frac{d\varphi_1}{dx'}\right);$$

$$v_1 = \Gamma(t)\left(\frac{d\varphi_1}{dy'}\right) = a\frac{d\theta}{dt}\cdot\left(\frac{d\varphi_1}{dy'}\right).$$

Ainsi, les molécules fluides glissent sur l'élément $d\lambda$ avec des vîtesses relatives, telles que leurs trois composantes parallèles aux axes des x', y', z', sont;

$$X' = \quad y'\frac{d\theta}{dt} - a\frac{d\theta}{dt}\cdot\left(\frac{d\varphi_1}{dx'}\right);$$

$$Y' = -x'\frac{d\theta}{dt} - a\frac{d\theta}{dt}\cdot\left(\frac{d\varphi_1}{dy'}\right);$$

$$Z' = \quad 0 - a\frac{d\theta}{dt}\cdot\left(\frac{d\varphi_1}{dz'}\right).$$

La résultante $\sqrt{X'^2 + Y'^2 + Z'^2}$ de ces trois forces étant censée placée dans le plan tangent qui se confond avec l'élément $d\lambda$, produit un frottement que nous supposerons exprimé par

$$b\sqrt{X'^2+Y'^2+Z'^2}\,;$$

b désignant, pour plus de simplicité, un coefficient constant propre à mesurer l'effet de cette force tangentielle sur l'unité de surface.

Les composantes de cette force étant bX', bY', bZ' il est clair, que le moment de sa projection sur le plan des x', y' sera, relativement à l'élément $d\lambda$;

$$b\,(x'Y'-y'X')\,d\lambda\,,$$

ou bien,

$$-b\frac{d\theta}{dt}(x'^2+y'^2)\,d\lambda-ab\frac{d\theta}{dt}\left\{x'\left(\frac{d\varphi_1}{dy'}\right)-y'\left(\frac{d\varphi_1}{dx'}\right)\right\}d\lambda\,.$$

Il faut donc ajouter dans le second membre de l'équation (18) les deux termes

$$-\,b\frac{d\theta}{dt}S(x'^2+y'^2)\,d\lambda-ab\frac{d\theta}{dt}S\left\{x'\left(\frac{d\varphi_1}{dy'}\right)-y'\left(\frac{d\varphi_1}{dx'}\right)\right\}d\lambda$$

$$=-\,b\frac{d\theta}{dt}\left\{a^2S\,d\lambda+2a\iint r^3\sin^2\omega\cos\psi.d\omega\,d\psi+\iint r^4\sin^3\omega\,d\omega\,d\psi\right\}$$

$$-ab\frac{d\theta}{dt}\iint\left\{x'\left(\frac{d\varphi_1}{dy'}\right)-y'\left(\frac{d\varphi_1}{dx'}\right)\right\}r^2\sin\omega.d\omega\,d\psi.$$

Les valeurs de x', y' et les formules (A) posées dans le N.° 9 donnent

$$x'\left(\frac{d\varphi_1}{dy'}\right)-y'\left(\frac{d\varphi_1}{dx'}\right)=-\left(\frac{d\varphi_1}{d\psi}\right)-a\left(\frac{d\varphi_1}{dx'}\right)=$$

$$-a\left(\frac{d\varphi_1}{dr}\right)\sin\omega\sin\psi-\frac{a}{r}\left(\frac{d\varphi_1}{d\omega}\right)\cos\omega\sin\psi-\left(1+\frac{a}{r}\frac{\cos\psi}{\sin\omega}\right)\left(\frac{d\varphi_1}{d\psi}\right)\,;$$

partant, les termes multipliés par le coefficient b du frottement qu'il faudra ajouter dans le second membre de l'équation (18) sont réductibles à cette forme ;

$$(F)\ldots\left\{\begin{array}{l}
-ba^2\lambda\dfrac{d\theta}{dt}-2ab\dfrac{d\theta}{dt}\displaystyle\int_0^\pi\!\!\int_0^{2\pi} r^3\sin^2\omega\cos\psi\,d\omega\,d\psi-b\dfrac{d\theta}{dt}\displaystyle\int_0^\pi\!\!\int_0^{2\pi} r^4\sin^3\omega\,.\,d\omega d\psi\\[2ex]
+a^2b\dfrac{d\theta}{dt}\displaystyle\int_0^\pi\!\!\int_0^{2\pi}\left(\dfrac{d\varphi_1}{dr}\right)r^2\sin^2\omega\sin\psi\,.\,d\omega\,d\psi\\[2ex]
+a^2b\dfrac{d\theta}{dt}\displaystyle\int_0^\pi\!\!\int_0^{2\pi}\left(\dfrac{d\varphi_1}{d\omega}\right)r\sin\omega\cos\omega\sin\psi\,.\,d\omega\,d\psi\\[2ex]
+ab\dfrac{d\theta}{dt}\displaystyle\int_0^\pi\!\!\int_0^{2\pi}\left(\dfrac{d\varphi_1}{d\psi}\right)\left\{r^2+ar\dfrac{\cos\psi}{\sin\omega}\right\}\sin\omega\,.\,d\omega\,d\psi\,;
\end{array}\right.$$

où λ représente la surface totale du pendule.

On voit par là que, le frottement du fluide ne peut modifier, ni le terme multiplié par $\dfrac{d^2\theta}{dt^2}$, ni le terme multiplié par $g\sin\theta$: son effet, est, d'introduire dans l'équation différentielle du mouvement du pendule un terme de la forme $A\dfrac{d\theta}{dt}$; A étant un coefficient constant. Ce terme se confondra avec le terme analogue qui pourrait être dû au choc du fluide.

La réunion de ces deux forces, très-différentes dans leur manière d'agir, mais semblables quant à leur expression analytique, serait donc la cause unique de la diminution progressive de l'amplitude des oscillations fort petites, puisque, dans ce cas, les expériences de *Borda* sont conformes à l'hypothèse d'une résistance proportionnelle à la vitesse.

Si la surface du pendule était de révolution, le rayon vecteur r serait une fonction de la seule variable ω ; et on aurait, comme on l'a déjà dit plus haut,

$$\varphi_1 = \sin\omega\sin\psi\,.\,\Pi(\omega, r)\,.$$

En conséquence la formule (F) se réduirait à celle-ci ;

$$(F')\ldots\left\{\begin{aligned}&-ba^2\lambda\frac{d\theta}{dt}-2\pi b\frac{d\theta}{dt}\int_0^\pi r^4\sin^3\omega\,d\omega\\&+\pi a^2 b\frac{d\theta}{dt}\int_0^\pi r^2\left(\frac{d\Pi}{dr}\right)\sin^3\omega\,d\omega\\&+\pi a^2 b\frac{d\theta}{dt}\int_0^\pi r\left(\frac{d\Pi}{d\omega}\right)\sin^2\omega\cos\omega\,d\omega\\&+\pi a^2 b\frac{d\theta}{dt}\int_0^\pi r\Pi\sin\omega(2-\sin^2\omega)\,d\omega.\end{aligned}\right.$$

Pour appliquer cette formule à la sphère, on prendra

$$\Pi=\frac{c^3}{2r^2}\,;\quad\left(\frac{d\Pi}{d\omega}\right)=0\,;\quad\left(\frac{d\Pi}{dr}\right)=-\frac{c^3}{r^3}\,;$$

et comme on doit faire ici $r=c$; et par conséquent

$$\Pi=\frac{c}{2},\quad\left(\frac{d\Pi}{dr}\right)=-1,$$

il est clair que la formule (F') donne

$$\left\{-ba^2.4\pi c^2-\frac{8\pi}{3}bc^4-\frac{4\pi}{3}ba^2c^2+\frac{4\pi}{3}ba^2c^2\right\}\frac{d\theta}{dt}$$

$$=-\frac{4\pi}{3}bc^2\frac{d\theta}{dt}\left\{2c^2+3a^2\right\}.\ (*)$$

(*) Dans la page 24 du Mémoire de M.r *Poisson* imprimé dans le Tome XI de l'Académie de Paris, on doit lire $\sigma=4\pi c^2\left(\gamma^2+\frac{2}{3}c^2\right)$ au lieu de

$$\sigma=4\pi c^2\left(\gamma^2+\frac{1}{3}c^2\right).$$

Ce calcul démontre que, relativement à la sphère, on a

$$S\left\{x'\left(\frac{d\varphi_1}{dy'}\right)-y'\left(\frac{d\varphi_1}{dx'}\right)\right\}d\lambda=0\,;$$

et que, par conséquent, l'effet du frottement se réduit à ajouter au second membre de l'équation (18) le seul terme

$$-b\frac{d\theta}{dt}S(x'^2+y'^2)d\lambda\,,$$

équivalent à $-b\,.\,S r'^2\frac{d\theta}{dt}\,.\,d\lambda$, puisque $x'^2+y'^2=x^2+y^2=r'^2$.

Il est remarquable que, la vîtesse propre des molécules fluides disparaîsse du résultat, et qu'il se réduise à celui qu'on aurait en disant, que la vîtesse absolue $r'\frac{d\theta}{dt}$ de l'élément $d\lambda$, perpendiculaire à r', donne lieu à une autre force exprimée par $b.r'\frac{d\theta}{dt}$, située dans le plan tangent parallèlement à l'axe de rotation.

(22) J'ai négligé au commencement du N.° 12 le carré des vîtesses u, v, w des molécules fluides, mais en supposant que,

$$u\,dx+v\,dy+w\,dz$$

soit une différentielle exacte représentée par $d\varphi$, on pourrait en tenir compte dans le cas d'un liquide homogène et incompressible. En effet, on aurait alors la pression

$$p=\rho g z-\rho\frac{d\varphi}{dt}-\frac{\rho}{2}\left\{\left(\frac{d\varphi}{dx}\right)^2+\left(\frac{d\varphi}{dy}\right)^2+\left(\frac{d\varphi}{dz}\right)^2\right\}.$$

D'après nos dénominations précédentes, on a

$$\left(\frac{d\varphi}{dx}\right)^2+\left(\frac{d\varphi}{dy}\right)^2+\left(\frac{d\varphi}{dz}\right)^2=\left(\frac{d\varphi}{dx'}\right)^2+\left(\frac{d\varphi}{dy'}\right)^2+\left(\frac{d\varphi}{dz'}\right)^2$$

$$=\overline{\Gamma(t)}^2\left\{\left(\frac{d\varphi_1}{dx'}\right)^2+\left(\frac{d\varphi_1}{dy'}\right)^2+\left(\frac{d\varphi_1}{dz'}\right)^2\right\}.$$

Donc, en observant que, la conservation de cette partie de la pression p ne change pas le raisonnement fait dans le N.° (14) pour établir l'équation $\Gamma(t)=a\frac{d\theta}{dt}$, on en conclura, que cette partie de p ajoute au second membre de l'équation (18) le terme

$$-\frac{1}{2}a^2\rho\left(\frac{d\theta}{dt}\right)^2\int_0^{\pi}\int_0^{2\pi} r^2 Z\sin^2\omega\sin\psi\left[\left(\frac{d\varphi_1}{dr}\right)^2+\frac{1}{r^2}\left(\frac{d\varphi_1}{d\omega}\right)^2+\frac{1}{r^2\sin^2\omega}\left(\frac{d\varphi_1}{d\psi}\right)^2\right]d\omega d\psi.$$

Mais ce terme est nul pour la sphère: en effet, dans ce cas;

$$\varphi_1=\frac{c^3}{2r^2}\sin\omega\sin\psi\,,\quad Z=1\,;$$

partant on a

$$-\frac{1}{8}a^2c^2\rho\left(\frac{d\theta}{dt}\right)^2\int_0^{\pi}\int_0^{2\pi}\sin^2\omega\sin\psi.\,d\omega\,d\psi$$

$$-\frac{3}{8}a^2c^2\rho\left(\frac{d\theta}{dt}\right)^2\int_0^{\pi}\int_0^{2\pi}\sin^4\omega\sin^3\psi.\,d\omega\,d\psi\,;$$

c'est-à-dire une quantité égale à zéro.

Il résulte de toute cette discussion que, en adoptant sur le choc des fluides l'hypothèse exprimée par deux termes dans le N.° 9, on aurait, par l'action réunie, de la gravité, de la pression, et du choc, une équation de la forme

$$\frac{d^2\theta}{dt^2}+A\frac{d\theta}{dt}+B\left(\frac{d\theta}{dt}\right)^2+Cg\sin\theta=0\,,$$

pour déterminer l'angle θ dans le mouvement du pendule composé; A, B, C étant des coefficients constans.

Si l'on veut aussi tenir compte de la viscosité du fluide, il suffira d'ajouter un petit terme constant dans le premier membre de cette équation. En supposant fort petites les oscillations on peut faire $\sin\theta=\theta$: mais, relativement à des oscillations un peu considérables, il est plus exact de conserver le *sinus* au lieu de l'arc: en outre, on peut alors faire $A=0$; ce qui ramène la question à intégrer une équation semblable à l'équation (6).

CHAPITRE SECOND

ÉQUATIONS DIFFÉRENTIELLES DU MOUVEMENT VIBRATOIRE D'UNE MASSE LIQUIDE HOMOGÈNE, CONSIDÉRÉE COMME PESANTE ET COMPRESSIBLE

(23) Jusqu'ici j'ai considéré le mouvement du pendule, comme ayant lieu dans un fluide incompressible: mais, la compressibilité de l'eau et des autres liquides, étant maintenant mise hors de doute par des expériences directes, il devient intéressant, pour la théorie, de faire voir ; d'abord le changement notable que, cette qualité physique des liquides apporte dans la forme de l'équation qui détermine la fonction désignée par φ, et ensuite d'expliquer par une analyse exacte comment un tel changement de forme n'altère pas sensiblement les résultats relatifs au mouvement du pendule, obtenus en traitant le liquide dans lequel il se meut comme dénué de toute compressibilité. Pour cela, il est nécessaire, avant tout, de former les équations du mouvement vibratoire de la masse liquide.

(24) Soient x_1, y_1, z_1, les coordonnées orthogonales d'une molécule quelconque du liquide à l'instant t, par rapport à trois axes fixes dans l'espace. Désignons par Δ une fonction des quatre variables x_1, y_1, z_1, t, propre à donner la densité d'un élément différentiel quelconque de la masse fluide, actuellement en mouvement: et nommons p une autre fonction des mêmes variables propre à mesurer l'élasticité du même élément, considéré dans son état actuel de mouvement. On sait que, p doit exprimer la pression qui en résulterait sur l'unité de surface, en la supposant dans tous ses points comprimée par une force égale à celle qui a lieu, à l'instant t, au point déterminé par les coordonnées $x_1, y_1; z_1$.

Cela posé, si l'on désigne, en général, par a, b, c les valeurs des coordonnées x_1, y_1, z_1 correspondantes à $t = 0$, on peut concevoir que, pendant le mouvement, on a

$$x_1 = a + \varphi_1(a, b, c, t) = a + x;$$

$$y_1 = b + \varphi_2(a, b, c, t) = b + y;$$

$$z_1 = c + \varphi_3(a, b, c, t) = c + z;$$

et considérer x, y, z comme autant de fonctions de a, b, c, t qu'il s'agit de déterminer pour un instant quelconque, en supposant que, leurs valeurs initiales sont fort petites, mais différentes de zéro pour la totalité, ou une seule portion de la masse fluide. D'après la théorie du mouvement des fluides compressibles et élastiques exposée dans le second Volume de la *Mécanique Analytique de Lagrange*; si l'on nomme ρ la densité constante du liquide avant le mouvement, on doit avoir, pendant le mouvement, $\Delta = \frac{\rho}{\theta}$: où θ représente la fonction qui constitue le premier membre de l'équation désignée par (e) dans la page 339 du Volume que je viens de citer; c'est-à-dire (conformément à nos dénominations)

$$\left(1 + \frac{dx}{da}\right)\left(1 + \frac{dy}{db}\right)\left(1 + \frac{dz}{dc}\right) - \text{etc.}$$

Mais comme, il est permis de négliger ici les quantités de l'ordre du carré de x, y, z il suffira de prendre $\theta = 1 + s$, en faisant, pour plus de simplicité,

$$s = \frac{dx}{da} + \frac{dy}{db} + \frac{dz}{dc}.$$

De sorte que, en négligeant le carré de s, nous avons

$$\Delta = \rho(1 - s):$$

ce qui donne à la variable s un caractère physique, en nous montrant qu'elle exprime, suivant qu'elle sera positive ou négative, la dilatation ou la condensation de l'élément liquide auquel sa valeur sera rapportée.

Maintenant, si l'on fait $X=0$, $Y=0$, $Z=-g$ dans les équations (d) qu'on voit dans la page que je viens de citer, on aura;

$$\rho\frac{d^2x}{dt^2}+(1+s)\frac{dp}{da}=0,$$

$$\rho\frac{d^2y}{dt^2}+(1+s)\frac{dp}{db}=0,$$

$$\rho\frac{d^2z}{dt^2}+(1+s)\frac{dp}{dc}=\rho g.$$

Quelle que soit l'expression de p, comme il s'agit ici d'un liquide homogène, pesant, et doué d'un mouvement vibratoire, nous pouvons supposer

$$p=g\rho.c+f(\Delta)=g\rho.c+f(\rho-\rho s),$$

ou bien en développant et négligeant le carré de s;

$$p=g\rho.c+f(\rho)-f'(\rho).\rho s.$$

Si gmh désigne la pression constante, commune à tous les élémens de la masse fluide, on devra faire $f(\rho)=gmh$; et par conséquent

$$p=gmh+g\rho.c-f'(\rho).\rho s.$$

Pour déterminer la constante $f'(\rho)$, nous ferons $c=0$, et nous supposerons que, par une expérience directe faite avec le piézomètre, on a trouvé $s=-\gamma$, lorsque $p=gm(h+k)$. D'après cela, nous avons l'équation

$$gm(h+k)=gmh+f'(\rho).\rho\gamma,$$

qui donne $f'(\rho)=\frac{gmk}{\rho\gamma}$. Ainsi, en faisant pour plus de simplicité;

$$a^2=\frac{gmk}{\rho\gamma};$$

nous aurons ces quatre équations;

$$(E)\ldots\left\{\begin{aligned}&p=gmh+g\rho c-\mathrm{a}^2.\rho s\,;\\&\frac{d^2x}{dt^2}=\mathrm{a}^2.\frac{ds}{da}\,;\\&\frac{d^2y}{dt^2}=\mathrm{a}^2.\frac{ds}{db}\,;\\&\frac{d^2z}{dt^2}=\mathrm{a}^2.\frac{ds}{dc}-gs\,.\end{aligned}\right.$$

(25) Pour fixer les idées sur la valeur absolue de la quantité constante a^2, nous supposerons que l'on a comprimé une colonne d'eau avec une colonne de mercure ayant $0^{\mathrm{m}},76$ de hauteur: alors la lettre m désignera la densité du mercure, et γ sera $0,000046$, conformément à l'expérience. De sorte que nous avons;

$$g=9^{\mathrm{m}},80896\,;\quad \frac{m}{\rho}=13,5975\,;\quad k=0^{\mathrm{m}},76\,;$$

et par conséquent; $\mathrm{a}^2=2203645$, et $\mathrm{a}=1484^{\mathrm{m}},46$.

En intégrant les trois dernières des équations (E) par rapport au temps, on a

$$(E')\ldots\left\{\begin{aligned}&\frac{dx}{dt}=\mathrm{a}^2.\frac{d.\int s\,dt}{da}+\psi_1(a,b,c)\,;\\&\frac{dy}{dt}=\mathrm{a}^2.\frac{d.\int s\,dt}{db}+\psi_2(a,b,c)\,;\\&\frac{dz}{dt}=\mathrm{a}^2.\frac{d.\int s\,dt}{dc}-g\int s\,dt+\psi_3(a,b,c)\,;\end{aligned}\right.$$

où ψ_1, ψ_2, ψ_3, désignent des fonctions arbitraires de a, b, c propres à représenter les valeurs initiales des vîtesses $\frac{dx}{dt}, \frac{dy}{dt}, \frac{dz}{dt}$.

Maintenant, si l'on différentie la première de ces équations par rapport à a, la seconde par rapport à b, la troisième par rapport à c, et qu'on fasse ensuite la somme des trois équations ainsi formées, il viendra

$$\frac{ds}{dt}=\mathrm{a}^2.\left\{\frac{d^2.\int s\,dt}{da^2}+\frac{d^2.\int s\,dt}{db^2}+\frac{d^2.\int s\,dt}{dc^2}\right\}-g\,\frac{d.\int s\,dt}{dc}$$
$$+\frac{d\psi_1.}{da}+\frac{d\psi_2.}{db}+\frac{d\psi_3.}{dc}\,;$$

en observant que,

$$\frac{d^2x}{dtda}+\frac{d^2y}{dtdb}+\frac{d^2z}{dtdc}=\frac{d.}{dt}\left\{\frac{dx}{da}+\frac{dy}{db}+\frac{dz}{dc}\right\}=\frac{ds}{dt}.$$

Cela posé, si l'on fait

$$\varphi(a,b,c,t)=\mathrm{a}^2.\int s\,dt\,,$$

on aura, en écrivant seulement φ au lieu de $\varphi(a,b,c,t)$;

$$(\beta)\ldots\ \frac{d^2\varphi}{dt^2}+g\,\frac{d\varphi}{dc}=\mathrm{a}^2\left\{\frac{d^2\varphi}{da^2}+\frac{d^2\varphi}{db^2}+\frac{d^2\varphi}{dc^2}+\frac{d\psi_1.}{da}+\frac{d\psi_2.}{db}+\frac{d\psi_3.}{dc}\right\}.$$

Après avoir déterminé la fonction φ, conformément à cette équation, on aura;

$$(E'')\ldots\left\{\begin{aligned}
&\frac{dx}{dt}=\frac{d\varphi}{da}+\psi_1\,;\\
&\frac{dy}{dt}=\frac{d\varphi}{db}+\psi_2\,;\\
&\frac{dz}{dt}=\frac{d\varphi}{dc}-\frac{g.}{\mathrm{a}^2}\varphi+\psi_3\,;\\
&\mathrm{a}^2 s=\frac{d\varphi}{dt}\,;\\
&p=gmh+g\rho c-\rho\frac{d\varphi}{dt}\,;\\
&x=\int\left(\frac{d\varphi}{da}+\psi_1\right)dt+\Pi_1(a,b,c)\,;\\
&y=\int\left(\frac{d\varphi}{db}+\psi_2\right)dt+\Pi_2(a,b,c)\,;\\
&z=\int\left(\frac{d\varphi}{dc}+\psi_3\right)dt+\Pi_3(a,b,c)\,;
\end{aligned}\right.$$

Π_1, Π_2, Π_3 étant des fonctions arbitraires de a, b, c, propres à représenter les valeurs initiales de x, y, z.

(26) Tout dépend donc de l'intégration de l'équation (β). Pour diminuer les difficultés d'analyse inhérentes à cette opération on pourrait d'abord supposer nulles les vîtesses initiales ψ_1, ψ_2, ψ_3, ce qui donne

$$(\beta') \ldots\ldots \frac{d^2\varphi}{dt^2}+g\,\frac{d\varphi}{dc}=\text{a}^2\left\{\frac{d^2\varphi}{da^2}+\frac{d^2\varphi}{db^2}+\frac{d^2\varphi}{dc^2}\right\}.$$

En appliquant à cette équation une transformation souvent employée par *Euler*, qui consiste à faire

$$\varphi=\varphi'.e^{\frac{gc}{2\,\text{a}^2}},$$

on fera dépendre la recherche de la fonction φ' de l'équation

$$(\beta'') \ldots\ldots \frac{d^2\varphi'}{dt^2}+\frac{g^2}{4\text{a}^2}\varphi'=\text{a}^2\left\{\frac{d^2\varphi'}{da^2}+\frac{d^2\varphi'}{db^2}+\frac{d^2\varphi'}{dc^2}\right\},$$

qui est, à quelques égards, plus simple que l'équation (β').

Mais, en revenant au cas général, on pourrait simplifier l'équation (β) par une autre considération. On conçoit que, les quantités s et $\frac{ds}{dc}$ sont du même ordre de grandeur; au contraire les deux nombres g et a^2 diffèrent en général considérablement, puisque pour l'eau ils sont dans le rapport de 9, 809 à 2203645. Donc en considérant le second membre de la troisième des équations (E) on peut, sans crainte d'erreur sensible, supprimer le produit gs comparativement au produit $\text{a}^2.\frac{ds}{dc}$. Alors, au lieu de l'équation (β), on aurait

$$(\beta''') \ldots \frac{d^2\varphi}{dt^2}=\text{a}^2.\left\{\frac{d^2\varphi}{da^2}+\frac{d^2\varphi}{db^2}+\frac{d^2\varphi}{dc^2}+\frac{d\psi_1.}{da}+\frac{d\psi_2.}{db}+\frac{d\psi_3.}{dc}\right\}.$$

Maintenant, si on suppose nulles les trois vîtesses initiales, cette équation acquiert d'abord la forme la plus simple dont elle est susceptible, en conservant à la masse fluide les trois dimensions. Avec une légère réflexion on conçoit qu'on obtient le même avantage en supposant que les trois fonctions ψ_1, ψ_2, ψ_3 de a, b, c soient les différences partielles d'une même fonction; alors on aurait

$$\psi_1=\frac{d.F(a,b,c)}{da}\,;\quad \psi_2=\frac{d.F(a,b,c)}{db}\,;\quad \psi_3=\frac{d.F(a,b,c)}{dc}\,;$$

et il suffirait de poser

$$\varphi=\varphi''-F(a,b,c)\,,$$

pour faire disparaître de l'équation (β''') les termes dépendans des vîtesses initiales.

On peut opérer la même transformation, à l'aide d'un autre principe, même dans le cas où les vîtesses initiales seraient tout-à-fait arbitraires : faisons

$$\frac{d\psi_1}{da}+\frac{d\psi_2}{db}+\frac{d\psi_3}{dc}=\Pi(a,b,c)\,,$$

et regardons la fonction Π comme donnée. D'après la théorie de l'attraction des sphéroïdes hétérogènes, si nous regardons $\Pi(a',b',c')$ comme exprimant la loi de la densité pour un élément quelconque différentiel de sa masse, on aura les composantes, respectivement parallèles aux axes, de la force totale exercée par un tel sphéroïde sur un point déterminé, intérieur à sa masse, ayant a, b, c pour coordonnées, en posant

$$V=\iiint\frac{\Pi(a',b',c',)\,da'\,db'\,dc'}{\sqrt{(a'-a)^2+(b'-b)^2+(c'-c)^2}}\,,$$

et prenant ensuite les différences partielles

$$-\frac{dV}{da},\quad -\frac{dV}{db},\quad -\frac{dV}{dc}.$$

Les limites de cette triple intégrale sont, en général, déterminées par la surface terminatrice du spheroïde. Mais, quelle que soit cette surface, M.r *Poisson* a démontré en 1813 (Voyez Tome 3 du Bulletin de la Société Philomatique p. 388) que, la fonction de a, b, c désignée par V satisfait toujours, en pareil cas, à l'équation

$$(P) \ldots\ldots \frac{d^2V}{da^2}+\frac{d^2V}{db^2}+\frac{d^2V}{dc^2}=-4\pi.\Pi(a,b,c)\,;$$

π étant le rapport de la circonférence au diamètre. La généralité de ce théorême permet de l'appliquer au cas particulier, où, le sphéroïde devient un corps dont les trois dimensions sont infinies, soit dans le sens negatif, soit dans le sens positif; alors on doit prendre

$$V=\int_{-\infty}^{\infty}\int_{-\infty}^{\infty}\int_{-\infty}^{\infty}\frac{\Pi(a',b',c')\,da'\,db'\,dc'}{\sqrt{(a'-a)^2+(b'-b)^2+(c'-c)^2}}.$$

De là, et de l'équation (P) nous conclurons que, en posant

$$\varphi=\varphi'''+\frac{1}{4\pi}\int_{-\infty}^{\infty}\int_{-\infty}^{\infty}\int_{-\infty}^{\infty}\frac{\Pi(a',b',c')\,da'\,db'\,dc'}{\sqrt{(a'-a)^2+(b'-b)^2+(c'-c)^2}}\,;$$

on ramenera l'équation (β''') à la forme

$$\frac{d^2\varphi'''}{dt^2}=a^2\left\{\frac{d^2\varphi'''}{da^2}+\frac{d^2\varphi'''}{db^2}+\frac{d^2\varphi'''}{dc^2}\right\}.$$

On pourrait arriver à cette conséquence par d'autres moyens; mais j'ai préféré celui tiré du rapprochement de la théorie de l'attraction des sphéroïdes, parceque il m'a paru être à la fois plus expéditif et plus sensible.

Ainsi il est démontré que, la théorie des petites vibrations d'une masse liquide est réduite à l'intégration d'une équation aux différences partielles de la forme

$$(\beta^{\text{IV}}) \ldots\ldots \quad \frac{d^2\varphi}{dt^2} = a^2 \left\{ \frac{d^2\varphi}{da^2} + \frac{d^2\varphi}{db^2} + \frac{d^2\varphi}{dc^2} \right\}.$$

Toutefois il faut entendre qu'il est ici question de ces mouvemens, où la compressibilité du liquide, et non sa pesanteur, constitue la force prédominante. De sorte que cette théorie embrasse la propagation du son dans les liquides, et ne comprend pas la théorie du mouvement des ondes, excitées à la surface de l'eau, où la pesanteur est la force dominante. On pourrait à la vérite comprendre les deux problêmes dans une même théorie: mais il convient de les étudier à part. D'ailleurs une telle théorie ne saurait être l'objet de ce Mémoire. Le but principal que nous avions en vue dans ce Chapitre était de démontrer que, la pression p était exprimée par les trois termes $gmh + g\rho c - \rho\frac{d\varphi}{dt}$ tout-à-fait semblables à ceux qui expriment la pression dans le cas d'un liquide incompressible : par là nous voyons clairement que, la différence caractéristique des deux cas consiste dans la forme de l'équation de laquelle on doit tirer le troisième terme, $-\rho\frac{d\varphi}{dt}$ qui entre dans l'expression analytique de la pression.

(27) On sait, comment on conclut de l'équation (β), que,

$$a = \sqrt{\frac{gmk}{\rho\gamma}},$$

doit être la vîtesse de la propagation du son dans la masse liquide. On vient de voir comment cette formule donne $a = 1484^{m}, 46$ pour la propagation du son dans l'eau; ce qui est à-peu-près conforme au résultat obtenu par une expérience directe faite dans le lac de Genève, par M.M. *Colladon* et *Sturm* (Voyez le Tome 36 des *Annales de Physique et de Chimie*).

Pour la clarté des idées on doit sentir que, les condensations ou dilatations s qui ont effectivement lieu pendant le mouvement vibratoire d'une masse liquide sont excessivement petites en comparaison de la quantité 0,000046 qui répond à la contraction due à une colonne de mercure ayant $0^{m}, 76$ de hauteur. Mais en réflechissant sur l'analyse qui conduit à l'équation (β), on comprend qu'il suffit que le rapport $\frac{k}{\gamma}$ soit un nombre constant pour que la vîtesse de la propagation soit indépendante de la grandeur absolue des petites contractions et dilatations qui accompagnent nécessairement le mouvement vibratoire. Cette analyse démontre en outre que, la vîtesse de la propagation du son dans un liquide est la même pour un filet comme pour une masse dont on considère les trois dimensions ; ce qui n'est pas vrai à l'égard de la propagation du son dans un corps solide élastique, comme M.r *Poisson* l'a fait voir dans son Mémoire *sur l'équilibre et le mouvement des corps élastiques.*

On doit à *Thomas Young* et à *Laplace* l'idée originale de lier la contraction des liquides avec la vîtesse dont le son s'y propage: mais il faut bien croire que, à la naissance de ce principe, il n'était pas facile de se former des idées tout-à-fait claires sur ses conséquences, si l'on réflechit que, *Laplace*, en 1816, avait d'abord pensé qu'il fallait prendre $\frac{\gamma}{3}$ au lieu de γ, c'est-à-dire la contraction linéaire au lieu de la contraction cubique. Mais *Laplace* a bientôt redressé lui-même cette inexactitude, comme on peut s'en convaincre en lisant les pages 166 et 241 du Tome 3 des *Annales de Physique et de Chimie.*

(28) Les mêmes équations (d), posées dans la page 339 du second Volume de la *Mécanique Analytique*, s'appliqueraient au cas où la masse fluide aurait une densité variable exprimée par une fonction quelconque des trois coordonnées primitives a, b, c: mais on pourrait aussi employer les équations (c) qu'on voit dans la même

page, en observant que, dans le cas des petites vibrations il est permis de faire

$$\alpha = 1 + \frac{dy}{db} + \frac{dz}{dc}; \quad \beta' = 1 + \frac{dx}{da} + \frac{dz}{dc}; \quad \gamma'' = 1 + \frac{dx}{da} + \frac{dy}{db};$$

$$\alpha' = -\frac{dx}{db}; \quad \beta'' = -\frac{dy}{dc}; \quad \gamma' = -\frac{dz}{db};$$

$$\alpha'' = -\frac{dx}{dc}; \quad \beta = -\frac{dy}{da}; \quad \gamma = -\frac{dz}{da};$$

$$\theta = 1 + \frac{dx}{da} + \frac{dy}{db} + \frac{dz}{dc}.$$

En écrivant p au lieu de ε, et faisant

$$p = F(\Delta) = F\left(\frac{\rho}{\theta}\right), \qquad F'\left(\frac{\rho}{\theta}\right) = \frac{d.F(\Delta)}{d\Delta},$$

on aurait d'abord ces équations

$$0 = \rho\left(\frac{d^2x}{dt^2} + X\right) + \frac{d\rho}{da}F'\left(\frac{\rho}{\theta}\right) - \rho F'\left(\frac{\rho}{\theta}\right)\left\{\frac{d^2x}{da^2} + \frac{d^2y}{da\,db} + \frac{d^2z}{da\,dc}\right\}$$
$$- F'\left(\frac{\rho}{\theta}\right)\left\{\frac{dx}{da}\frac{d\rho}{da} + \frac{dy}{da}\frac{d\rho}{db} + \frac{dz}{da}\frac{d\rho}{dc}\right\};$$

$$0 = \rho\left(\frac{d^2y}{dt^2} + Y\right) + \frac{d\rho}{db}F'\left(\frac{\rho}{\theta}\right) - \rho F'\left(\frac{\rho}{\theta}\right)\left\{\frac{d^2y}{db^2} + \frac{d^2x}{da\,db} + \frac{d^2z}{db\,dc}\right\}$$
$$- F'\left(\frac{\rho}{\theta}\right)\left\{\frac{dy}{db}\frac{d\rho}{db} + \frac{dx}{db}\frac{d\rho}{da} + \frac{dz}{db}\frac{d\rho}{dc}\right\};$$

$$0 = \rho\left(\frac{d^2z}{dt^2} + Z\right) + \frac{d\rho}{dc}F'\left(\frac{\rho}{\theta}\right) - \rho F'\left(\frac{\rho}{\theta}\right)\left\{\frac{d^2z}{dc^2} + \frac{d^2x}{da\,dc} + \frac{d^2y}{db\,dc}\right\}$$
$$- F'\left(\frac{\rho}{\theta}\right)\left\{\frac{dz}{dc}\frac{d\rho}{dc} + \frac{dx}{dc}\frac{d\rho}{da} + \frac{dy}{dc}\frac{d\rho}{db}\right\}.$$

Or nous avons

$$F'\left(\frac{\rho}{\theta}\right)=F'(\rho)-\rho\left(\frac{dx}{da}+\frac{dy}{db}+\frac{dz}{dc}\right)F''(\rho):$$

donc en substituant cette valeur et négligeant les termes du second ordre, il viendra;

$$\begin{aligned}
0=&\rho\left(\frac{d^2x}{dt^2}+X\right)+\frac{d\rho}{da}F'(\rho)-\rho F'(\rho)\left\{\frac{d^2x}{da^2}+\frac{d^2y}{da\,db}+\frac{d^2z}{da\,dc}\right\}\\
&-\rho\frac{d\rho}{da}F''(\rho)\left\{\frac{dx}{da}+\frac{dy}{db}+\frac{dz}{dc}\right\}-F'(\rho)\left\{\frac{dx}{da}\frac{d\rho}{da}+\frac{dy}{da}\frac{d\rho}{db}+\frac{dz}{da}\frac{d\rho}{dc}\right\};
\end{aligned}$$

$$\begin{aligned}
0=&\rho\left(\frac{d^2y}{dt^2}+Y\right)+\frac{d\rho}{db}F'(\rho)-\rho F'(\rho)\left\{\frac{d^2y}{db^2}+\frac{d^2x}{da\,db}+\frac{d^2z}{dc\,db}\right\}\\
&-\rho\frac{d\rho}{db}F''(\rho)\left\{\frac{dx}{da}+\frac{dy}{db}+\frac{dz}{dc}\right\}-F'(\rho)\left\{\frac{dy}{db}\frac{d\rho}{db}+\frac{dx}{db}\frac{d\rho}{da}+\frac{dz}{db}\frac{d\rho}{dc}\right\};
\end{aligned}$$

$$\begin{aligned}
0=&\rho\left(\frac{d^2z}{dt^2}+Z\right)+\frac{d\rho}{dc}F'(\rho)-\rho F'(\rho)\left\{\frac{d^2z}{dc^2}+\frac{d^2x}{da\,dc}+\frac{d^2y}{db\,dc}\right\}\\
&-\rho\frac{d\rho}{da}F''(\rho)\left\{\frac{dx}{da}+\frac{dy}{db}+\frac{dz}{dc}\right\}-F'(\rho)\left\{\frac{dz}{dc}\frac{d\rho}{dc}+\frac{dx}{dc}\frac{d\rho}{da}+\frac{dy}{dc}\frac{d\rho}{db}\right\};
\end{aligned}$$

ou bien, sous une forme plus concise;

$$(A')\ldots\left\{\begin{aligned}
0=&\rho\left(\frac{d^2x}{dt^2}+X\right)+\frac{d\rho}{da}F'(\rho)-\frac{d.}{da}\left\{\left(\frac{dx}{da}+\frac{dy}{db}+\frac{dz}{dc}\right)\rho F'(\rho)\right\}\\
&-F'(\rho)\left\{\frac{dy}{da}\frac{d\rho}{db}-\frac{dy}{db}\frac{d\rho}{da}+\frac{dz}{da}\frac{d\rho}{dc}-\frac{dz}{dc}\frac{d\rho}{da}\right\};\\
0=&\rho\left(\frac{d^2y}{dt^2}+Y\right)+\frac{d\rho}{db}F'(\rho)-\frac{d.}{db}\left\{\left(\frac{dx}{da}+\frac{dy}{db}+\frac{dz}{dc}\right)\rho F'(\rho)\right\}\\
&-F'(\rho)\left\{\frac{dx}{db}\frac{d\rho}{da}-\frac{dx}{da}\frac{d\rho}{db}+\frac{dz}{db}\frac{d\rho}{dc}-\frac{dz}{dc}\frac{d\rho}{db}\right\};\\
0=&\rho\left(\frac{d^2z}{dt^2}+Z\right)+\frac{d\rho}{dc}F'(\rho)-\frac{d.}{dc}\left\{\left(\frac{dx}{da}+\frac{dy}{db}+\frac{dz}{dc}\right)\rho F'(\rho)\right\}\\
&-F'(\rho)\left\{\frac{dx}{dc}\frac{d\rho}{da}-\frac{dx}{da}\frac{d\rho}{dc}+\frac{dy}{dc}\frac{d\rho}{db}-\frac{dy}{db}\frac{d\rho}{dc}\right\}.
\end{aligned}\right.$$

Il est clair que, ces équations seraient aussi applicables à une masse fluide élastique en supposant que, la loi de son élasticité est la même dans l'état d'équilibre et dans l'état de mouvement; ce qui revient à négliger l'effet de la chaleur produite par la compression. Si l'on voulait, dans ce cas, considérer seulement le mouvement vibratoire dû à l'élasticité du fluide, on ferait $X=0$, $Y=0$, $Z=0$. On obtient par là trois équations, qui, comparées avec celles publiées par *Lagrange* en 1760 dans les pages 43 et 44 du second Volume des *Miscellanea Taurinensia*, offrent l'occasion de remarquer que ces dernières sont incomplètes, puisque, la première ne renferme pas le terme

$$-F'(\rho)\left\{\frac{dy}{da}\frac{d\rho}{db}-\frac{dy}{db}\frac{d\rho}{da}+\frac{dz}{da}\frac{d\rho}{dc}-\frac{dz}{dc}\frac{d\rho}{da}\right\},$$

et les deux autres le terme analogue.

(29) En supposant constante la densité ρ, et la pression $p=F(\rho)$ proportionnelle à une puissance n de la densité, on aurait

$$\frac{d\rho}{da}=0\,,\quad \frac{d\rho}{db}=0\,,\quad \frac{d\rho}{dc}=0\,;$$

$$F(\rho)=p'\left(\frac{\rho}{\rho'}\right)^{n};\qquad F'(\rho)=\frac{np'}{\rho'}\left(\frac{\rho}{\rho'}\right)^{n-1};$$

p' étant la pression, ou l'élasticité du fluide, correspondante à la densité ρ'. Donc, en faisant nulles les forces accélératrices X, Y, Z, les équations (A') deviendront, dans ce cas particulier;

$$(A'')\ldots\left\{\begin{aligned}
0&=\frac{d^2x}{dt^2}-\frac{np'}{\rho'}\left(\frac{\rho}{\rho'}\right)^{n-1}\frac{d.}{da}\left\{\frac{dx}{da}+\frac{dy}{db}+\frac{dz}{dc}\right\};\\
0&=\frac{d^2y}{dt^2}-\frac{np'}{\rho'}\left(\frac{\rho}{\rho'}\right)^{n-1}\frac{d.}{db}\left\{\frac{dx}{da}+\frac{dy}{db}+\frac{dz}{dc}\right\};\\
0&=\frac{d^2z}{dt^2}-\frac{np'}{\rho'}\left(\frac{\rho}{\rho'}\right)^{n-1}\frac{d.}{dc}\left\{\frac{dx}{da}+\frac{dy}{db}+\frac{dz}{dc}\right\};
\end{aligned}\right.$$

lesquelles sont tout-à-fait semblables aux équations (E) après avoir fait dans celles-ci $g=0$.

Ainsi, même dans le cas, où la densité ρ serait infiniment peu différente de ρ' on aurait $\frac{np'}{\rho'}$, et non $\frac{p'}{\rho'}$, pour le coefficient qui doit multiplier les différences partielles du trinome

$$\frac{dx}{da}+\frac{dy}{db}+\frac{dz}{dc}.$$

De là, *Lagrange* (Voyez pag. 152 du Volume cité), tirait la conséquence que la vîtesse de la propagation du son serait exprimée par $\sqrt{\frac{np'}{\rho'}}$, au lieu de l'être par $\sqrt{\frac{p'}{\rho'}}$, comme dans le cas de l'élasticité mathématiquement proportionnelle à la densité du fluide. Par l'introduction du facteur $\sqrt{n}$, *Lagrange* a devoilé la possibilité de faire disparaître la différence entre la vîtesse du son observée et la vîtesse fournie par la théorie. Il restait à assigner la véritable cause physique qui pouvait rendre l'exposant n sensiblement différent de l'unité, et c'est à *Laplace* qu'on doit d'avoir fait ce pas important, et d'avoir par-là établi un principe fondamental de la Physique Mathématique.

Au reste la forme des équations (A') n'est pas la plus simple; on sait aujourd'hui qu'il vaut mieux prendre pour inconnues les trois vîtesses rectangulaires de chaque molécule; mais j'ai cru qu'il n'était pas inutile de rappeler l'existence de ces équations, parceque leur formation a plus d'analogie avec la méthode dont on a découvert dans ces derniers temps les équations de l'équilibre et du mouvement des corps élastiques.

CHAPITRE TROISIÈME

ÉQUATIONS DIFFÉRENTIELLES DU MOUVEMENT DU PENDULE FORMÉES EN AYANT ÉGARD AU CHOC ET À LA PRESSION D'UN FLUIDE ÉLASTIQUE CONTRE SA SURFACE

(30) L'analyse exposée depuis le N.° 12 jusqu'au N.° 22 se rapporte à un fluide incompressible tel que l'eau; mais, par des modifications convenables, on peut l'adapter à un fluide élastique tel que l'air atmosphérique. Pour cela, transportons nous au commencement du N.° 12, et supposons de nouveau les trois vîtesses u, v, w exprimées par les différences partielles $\frac{d\varphi}{dx}$, $\frac{d\varphi}{dy}$, $\frac{d\varphi}{dz}$ d'une même fonction φ des quatre variables x, y, z, t. Alors, si l'on ne veut rien négliger, les lois du mouvement d'une masse fluide pesante et indéfinie sont, comme on sait, renfermées dans ces deux équations ;

$$\int\frac{dp}{\rho}=gy-\left(\frac{d\varphi}{dt}\right)-\frac{1}{2}\left\{\left(\frac{d\varphi}{dx}\right)^2+\left(\frac{d\varphi}{dy}\right)^2+\left(\frac{d\varphi}{dz}\right)^2\right\};$$

$$0=\left(\frac{d\rho}{dt}\right)+\left(\frac{d^2\varphi}{dx^2}\right)+\left(\frac{d^2\varphi}{dy^2}\right)+\left(\frac{d^2\varphi}{dz^2}\right)$$
$$+\frac{1}{\rho}\left\{\left(\frac{d\varphi}{dx}\right)\left(\frac{d\rho}{dx}\right)+\left(\frac{d\varphi}{dy}\right)\left(\frac{d\rho}{dy}\right)+\left(\frac{d\varphi}{dz}\right)\left(\frac{d\rho}{dz}\right)\right\}.$$

Mais, si l'on observe qu'il est ici question d'un mouvement qui a lieu dans le sens horizontal, on pourra y supposer, sans erreur sensible, la densité du fluide; constante dans l'état de repos, et sujette à des variations très-petites en tous sens dans l'état de mouvement. Cette considération rend fort petites les quatre quantités

$\left(\frac{d\rho}{dt}\right)$, $\left(\frac{d\rho}{dx}\right)$, $\left(\frac{d\rho}{dy}\right)$, $\left(\frac{d\rho}{dz}\right)$. En outre, il est permis de supposer fort petites les trois vîtesses $\left(\frac{d\varphi}{dx}\right)$, $\left(\frac{d\varphi}{dy}\right)$, $\left(\frac{d\varphi}{dz}\right)$ des molécules fluides. Donc, en négligeant les quantités de l'ordre du carré des vîtesses et des variations de la densité, on peut réduire les deux équations précédentes à celles-ci,

$$\int \frac{dp}{\rho} = gy - \left(\frac{d\varphi}{dt}\right);$$

$$0 = \frac{1}{\rho}\left(\frac{d\rho}{dt}\right) + \left(\frac{d^2\varphi}{dx^2}\right) + \left(\frac{d^2\varphi}{dy^2}\right) + \left(\frac{d^2\varphi}{dz^2}\right).$$

Dans les fluides élastiques, la pression p est une fonction de la densité: sans le dégagement de la chaleur qui accompagne la compression de ces fluides, on pourrait ne faire aucune distinction entre leur état de mouvement et leur état d'équilibre, et supposer dans l'un comme dans l'autre la pression proportionnelle à la densité; la température étant d'ailleurs la même. C'est en cela que consiste la loi de *Mariotte*, confirmée par des expériences récentes faites par M.r *Oersted*, où les pressions dépassaient 60 atmosphères. De sorte que, en nommant Δ la densité constante d'une masse fluide en repos on aurait, après lui avoir imprimé d'une manière quelconque un mouvement vibratoire;

$$\rho = \Delta(1+s), \quad p = \Pi(1+s) = \Pi \cdot \frac{\rho}{\Delta}:$$

Π étant la pression qui répond à la densité Δ, et s une fonction des quatre variables x, y, z, t, telle que ρ, ou $\Delta(1+s)$, doit exprimer, au bout du temps t, la densité relative au point de la masse fluide dont les coordonnées sont x, y, z. Mais la rapidité de la compression, qui commence et finit dans quelques millièmes de seconde, ne donne pas à la chaleur dégagée le temps de se disperser; et il est impossible de soustraire l'onde sonore à l'influence de son effet, qui est de modifier le ressort de la zone fluide actuellement en mouvement, au point qu'il n'est plus permis de dire que la pression y est exprimée par $\Pi(1+s)$.

Pour avoir égard à cette circonstance on doit traiter le phénomène comme si, chaque onde sonore était comprimée dans un vase idéal dont les parois seraient imperméables à la chaleur. Alors, la masse fluide constituante l'onde sonore conserverait tout son calorique pendant et après la cessation du mouvement : de manière que, on aurait, pour un temps indéfini,

$$p = \Pi(1+s)\left\{\frac{1+\alpha(\theta+\omega)}{1+\alpha\theta}\right\};$$

α étant le coefficient 0,00375 de la dilation des fluides élastiques; θ la température avant la compression et $\theta+\omega$ celle qui a lieu après. La différence entre ce cas hypothétique, et celui de l'onde sonore, consiste en cela que, ici, la chaleur dégagée par la compression, immédiatement après avoir augmenté le ressort de l'air s'échappe par le rayonnement et par le contact dans un temps excessivement court. Toutefois, pour la clarté des idées, il est essentiel d'avertir que l'observation immédiate d'un tel phénomène est impossible par un double motif: celui de son existence rapidement transitoire, et celui de la petitesse excessive des deux quantités s et ω qui l'accompagnent. Ce dernier motif suffirait à lui seul pour empêcher l'observation qu'on voudrait faire à l'aide du baromètre et du thermomètre.

(31) Cela posé, voyons comment on peut tirer de l'expression précédente de p celle de l'intégrale $\int\frac{dp}{\rho}$. Quelle que soit l'augmentation de la température désignée par ω; puisque, par sa nature, elle augmente et diminue avec la condensation s, elle doit être une certaine fonction de s. Soit donc $\omega = F(s)$ cette fonction inconnue de s, et écrivons

$$p=\Pi(1+s)+\frac{\Pi\alpha}{1+\alpha\theta}.F(s);$$

ce qui revient à négliger le produit $\omega s = sF(s)$. De là on tire ;

$$dp=\Pi ds+\frac{\Pi\alpha}{1+\alpha\theta}.d.F(s);$$

$$\frac{dp}{\rho}=\frac{\Pi}{\Delta}.\frac{ds}{1+s}+\frac{\Pi\alpha}{(1+\alpha\theta)\Delta}.\frac{d.F(s)}{1+s};$$

$$\int\frac{dp}{\rho}=\frac{\Pi}{\Delta}.\text{Log}(1+s)+\frac{\Pi\alpha}{\Delta(1+\alpha\theta)}.\int\frac{d.F(s)}{1+s};$$

$$\int\frac{dp}{\rho}=\frac{\Pi}{\Delta}.\text{Log}(1+s)+\frac{\Pi\alpha}{\Delta(1+\alpha\theta)}\left[\frac{F(s)}{1+s}+\int\frac{F(s)ds}{(1+s)^2}\right].$$

Or, $F(s)$, est une telle fonction de s qui doit devenir nulle en y faisant $s=0$: elle est du genre de celles, qui, développées suivant les puissances de s fournissent une série de la forme $As+Bs^2+$etc. Donc, en négligeant le carré de s, l'expression précédente de $\int\frac{dp}{\rho}$ deviendra ;

$$\int\frac{dp}{\rho}=\frac{\Pi}{\Delta}s+\frac{\Pi\alpha}{\Delta(1+\alpha\theta)}.As.$$

Ainsi en posant, pour plus de simplicité,

$$m^2=\frac{\Pi}{\Delta}\left(1+\frac{\alpha A}{1+\alpha\theta}\right),$$

nous avons l'équation, $m^2 s=gy-\left(\frac{d\varphi}{dt}\right)$; d'où l'on tire en différentiant les deux membres par rapport au temps seulement;

$$m^2\frac{ds}{dt}=-\left(\frac{d^2\varphi}{dt^2}\right).$$

Mais l'équation $\rho = \Delta(1+s)$ donne

$$\left(\frac{d\rho}{dt}\right) = \Delta \cdot \left(\frac{ds}{dt}\right);$$

partant, on a

$$\frac{1}{\rho}\left(\frac{d\rho}{dt}\right) = \frac{1}{1+s} \cdot \left(\frac{ds}{dt}\right):$$

et en négligeant les quantités de l'ordre du carré de s, nous avons

$$\frac{1}{\rho}\left(\frac{d\rho}{dt}\right) = \left(\frac{ds}{dt}\right) = -\frac{1}{m^2}\left(\frac{d^2\varphi}{dt^2}\right).$$

Il suit de là, que

$$p = \Pi + \Pi s + \frac{\Pi\alpha}{1+\alpha\theta} \cdot As = \Pi + \Delta \cdot m^2 s = \Pi + \Delta g y - \Delta\left(\frac{d\varphi}{dt}\right).$$

Ainsi, les trois termes qui composent l'expression de la pression p, sont absolument de la même forme que ceux qu'on aurait pour un fluide incompressible dont la densité serait Δ. De sorte que le caractère distinctif entre les deux cas consiste en ceci; que, pour un fluide incompressible on doit déterminer la fonction φ conformément à l'équation

$$0 = \left(\frac{d^2\varphi}{dx^2}\right) + \left(\frac{d^2\varphi}{dy^2}\right) + \left(\frac{d^2\varphi}{dz^2}\right),$$

tandis que pour un fluide élastique on doit la déterminer d'après l'équation

$$(27) \ldots\ldots \left(\frac{d^2\varphi}{dt^2}\right) = m^2 \left\{ \left(\frac{d^2\varphi}{dx^2}\right) + \left(\frac{d^2\varphi}{dy^2}\right) + \left(\frac{d^2\varphi}{dz^2}\right) \right\};$$

où la constante m exprime, comme on sait d'ailleurs, la vîtesse de la propagation du son dans le même fluide. La considération d'un liquide tant soit peu compressible nous a conduits dans le Chapitre précédent à une conclusion tout-à-fait semblable: les formules dans lesquelles la fonction φ n'a pas encore reçu une valeur déterminée peuvent donc être employées dans les trois cas. Mais avant d'aller plus loin je ferai encore une remarque sur l'équation qui doit déterminer la fonction φ.

(32) L'analyse que je viens d'exposer nous fournit l'équation

$$\rho = \Delta(1+s) = \Delta + \frac{\Delta}{m^2}\cdot gy - \frac{\Delta}{m^2}\left(\frac{d\varphi}{dt}\right);$$

partant on a ;

$$\left(\frac{d\rho}{dx}\right) = -\frac{\Delta}{m^2}\left(\frac{d^2\varphi}{dt\,dx}\right); \quad \left(\frac{d\rho}{dy}\right) = \frac{\Delta}{m^2}g - \frac{\Delta}{m^2}\left(\frac{d^2\varphi}{dt\,dy}\right);$$

$$\left(\frac{d\rho}{dz}\right) = -\frac{\Delta}{m^2}\left(\frac{d^2\varphi}{dt\,dz}\right).$$

Ainsi on peut bien, d'après les hypothèses établies, négliger

$$\left(\frac{d\rho}{dx}\right), \quad \left(\frac{d\rho}{dz}\right);$$

mais il faudrait conserver le terme $\frac{\Delta}{m^2}g$; ce qui ajouterait à la valeur précédente de $\left(\frac{d^2\varphi}{dt^2}\right)$ le terme $g\left(\frac{d\varphi}{dy}\right)$ et donnerait par conséquent ;

$$(28) \;\ldots\; \left(\frac{d^2\varphi}{dt^2}\right) = g\left(\frac{d\varphi}{dy}\right) + m^2\left\{\left(\frac{d^2\varphi}{dx^2}\right) + \left(\frac{d^2\varphi}{dy^2}\right) + \left(\frac{d^2\varphi}{dz^2}\right)\right\}.$$

La petitesse du nombre g en comparaison de m^2, jointe à la circonstance que les vîtesses verticales $\left(\frac{d\varphi}{dy}\right)$ doivent être beaucoup plus petites que les vîtesses horizontales $\left(\frac{d\varphi}{dx}\right)$, $\left(\frac{d\varphi}{dz}\right)$ permet de supprimer le terme $g\left(\frac{d\varphi}{dy}\right)$, ce qui nous ramène à l'équation (27). Au reste on peut consulter l'analyse publiée par M.r *Poisson* dans le 14.ieme cahier du *Journal de l'École Polytéchnique* (page 371 et suivantes), si l'on veut acquérir des idées plus précises sur l'intégrale de l'équation (28).

(33) Je vais m'arrêter sur la considération de la constante m, afin de ramener la détermination du coefficient A qu'elle renferme à des expériences indépendantes de la vîtesse du son, conformément à la théorie due à *Laplace*. Puisque,

$$m = \sqrt{\frac{\Pi}{\Delta}} \cdot \sqrt{1 + \frac{\alpha A}{1 + \alpha\theta}},$$

on ne pourrait réduire cette expression à $\sqrt{\frac{\Pi}{\Delta}}$, sans être certain que $A = 0$. Or, cela, reviendrait à dire que, la fonction désignée plus haut par $F(s)$ donne, étant développée, une série de la forme $Bs^2 + Cs^3 + \text{etc.}$: de sorte que la température ω serait proportionnelle au carré de s, abstraction faite des termes multipliés par s^3. Mais on peut démontrer que l'hypothèse de $A = 0$ ne serait pas admissible pour un fluide élastique. Supposons, pour un moment, que la même condensation s se soit opérée lentement par l'effet d'un refroidissement, ou abaissement de température que je désigne par x ; et que, de plus, le passage de la température primitive θ à la température $\theta - x$ ait eu lieu sous la même pression. Alors on aura l'équation

$$\Pi = \Pi(1 + s) \left\{ \frac{1 + \alpha\theta - \alpha x}{1 + \alpha\theta} \right\},$$

qui, en négligeant le produit sx, donne

$$x = \frac{s}{\alpha}(1 + \alpha\theta).$$

On voit par là que, l'abaissement x de la température est proportionnel à la première puissance de la condensation s. Or, en désignant par c la chaleur spécifique d'une masse d'air soumise à une pression constante, il faudrait une soustraction de chaleur exprimée par cx pour produire l'abaissement thermométrique x. Cela posé, observons que, la même condensation s ne pourrait avoir lieu d'une manière subite sans une élévation dans la température primitive θ que je désigne par ω; à cet instant la pression serait exprimée par

$$p = \Pi(1+s)\left\{\frac{1+\alpha(\theta+\omega)}{1+\alpha\theta}\right\}.$$

Mais l'air ainsi condensé, sous un volume invariable, reprendrait la pression Π par un abaissement de température égale à $\omega + x$. Donc, en nommant c' la chaleur spécifique de la même masse d'air, à volume constant, on aura $c'(\omega+x)$ pour la quantité de chaleur ainsi perdue. Alors on aura amené cette masse d'air à un état identique à celui qu'on avait obtenu d'abord par un refroidissement correspondant à la température x. Les quantités absolues de chaleur enlevées à la même masse d'air par ces deux moyens différens, devant être égales, il en résulte l'équation $cx = c'(x+\omega)$, qui donne

$$\omega = \left(\frac{c}{c'} - 1\right)x = \left(\frac{c}{c'} - 1\right)\cdot\frac{s}{\alpha}\left(1+\alpha\theta\right).$$

Donc, après avoir supposé $\omega = F(s) = As + Bs^2 +$ etc., on doit faire

$$A = \frac{1}{\alpha}\cdot\left(\frac{c}{c'} - 1\right)\cdot\left(1+\alpha\theta\right).$$

Or il est clair par cette expression que, on ne peut avoir $A = 0$, sans que le rapport $\frac{c}{c'}$ soit égal à l'unité; et il est manifeste que cela est impossible en observant que c est plus grand que c'; car il faut plus de chaleur pour augmenter la température d'un gaz et le dilater en même temps, qu'il n'en faut pour élever d'une même quantité sa température sans faire varier son volume; ce qui revient à dire que $\frac{c}{c'} > 1$.

Il suit de là que, nous avons $m = \sqrt{\frac{\Pi}{\Delta}\cdot\frac{c}{c'}}$, pour la vîtesse de la propagation du son dans l'air. L'expérience seule peut nous faire connaître le rapport $\frac{c}{c'}$: mais il n'est plus nécessaire de le déduire de la vîtesse même du son observée.

L'expérience de MM. *Gay-Lussac* et *Welter*, citée dans le Livre XII de la Me Céleste de *Laplace*, est la plus directe; parce que, dans cette expérience, les quantités s et ω, quoique très-grandes en comparaison de celles qui ont lieu dans l'onde sonore en mouvement, sont cependant assez petites pour qu'il soit permis de réduire à $\omega = As$ l'équation $\omega = As + Bs^2 + \text{etc.}$ Alors, en désignant par p, p', p'' les trois pressions barométriques observées, on a les deux équations

$$s = \frac{p'' - p'}{p'}, \quad \frac{p}{p''} = 1 + \frac{\alpha\omega}{1 + \alpha\theta},$$

desquelles on tire

$$\omega = As = A\left(\frac{p'' - p'}{p'}\right) = \left(\frac{p - p''}{p''}\right)\left(\frac{1 + \alpha\theta}{\alpha}\right);$$

$$A = \left(\frac{p - p''}{p'' - p'}\right)\frac{p'}{p''}\left(\frac{1 + \alpha\theta}{\alpha}\right) = \left(\frac{c}{c'} - 1\right)\left(\frac{1 + \alpha\theta}{\alpha}\right);$$

et par conséquent

$$\frac{c}{c'} = 1 + \frac{p'}{p''} \cdot \left(\frac{p - p'}{p'' - p'}\right) = \frac{p - p'}{p'' - p'} - \left(\frac{p - p''}{p''}\right).$$

En faisant dans cette formule; $p = 0^m, 757$; $p' = 0^m, 77336$; $p'' = 0^m, 76144$, on obtient $\frac{c}{c'} = 1, 37831$.

On pourrait encore déterminer le rapport $\frac{c}{c'}$ à l'aide de l'observation du rapport des quantités inégales q et q' de chaleur perdue par deux volumes égaux d'air, ayant la même température primitive sous des pressions différentes p et p', lorsqu'on leur fait subir le même abaissement thermométrique. Car, d'après la théorie de *Laplace*, on a l'équation

$$\frac{q'}{q}=\left(\frac{p'}{p}\right)^{\frac{c'}{c}}$$

de laquelle on peut tirer la valeur de $\frac{c'}{c}$ en connaissant $\frac{q'}{q}$ et $\frac{p'}{p}$. Mais il faudrait multiplier les observations pour avoir un résultat exact avec deux chiffres décimales. En effet, je trouve $\frac{c}{c'}=1{,}5878$; $\frac{c}{c'}=1{,}2961$, en calculant par cette formule les deux expériences de MM. *Laroche* et *Bérard* rapportées dans la page 128 du 5.ieme Volume de la *Mécanique Céleste*. Il est vrai que la moyenne 1,4419 de ces deux nombres se rapproche davantage du résultat plus exact 1,421 obtenu par M.r *Dulong* en observant le son produit par l'air renfermé dans un tube; mais il ne faut pas tirer avantage de ce qu'il peut y avoir d'éventuel dans la compensation des erreurs qui affectent les élémens déduits d'un petit nombre d'observations.

M.r *Biot* (Tom. IV. de son *Traité de Physique* pag. 721-723) parle de ces expériences de MM. *Laroche* et *Bérard*: alors (en 1816) la formule

$$\frac{q'}{q}=\left(\frac{p'}{p}\right)^{\frac{c'}{c}}$$

n'était pas connue, et ces Auteurs employaient celle-ci; savoir

$$\frac{q'}{q}=1+\frac{0{,}2396}{0{,}3583}\cdot\left(\frac{p'}{p}-1\right)=1+\frac{1}{1{,}4953}\cdot\left(\frac{p'}{p}-1\right).$$

Or, en développant l'exponentielle

$$\left(\frac{p'}{p}\right)^{\frac{c'}{c}},$$

la formule précédente donne

$$\frac{q'}{q} = 1 + \frac{c'}{c}\,\mathrm{Log}\left(\frac{p'}{p}\right) + \frac{1}{2}\left(\frac{c'}{c}\right)^2\left[\mathrm{Log}\left(\frac{p'}{p}\right)\right]^2 + \text{etc.}:$$

donc s'il est question de pressions peu différentes on peut négliger le carré de $\mathrm{Log}\left(\frac{p'}{p}\right)$ et prendre $\mathrm{Log}\left(\frac{p'}{p}\right) = \frac{p'}{p} - 1$; ce qui donne $\frac{q'}{q} = 1 + \frac{c'}{c}\left(\frac{p'}{p} - 1\right)$: c'est-à-dire la formule de MM. *Laroche* et *Bérard* en faisant $\frac{c}{c'} = 1,4953$.

Par l'analyse que je viens d'exposer on conçoit que, l'expression de la vîtesse du son doit renfermer la quantité finie A; mais que, dans ce phénomène, elle est remplacée par le rapport $\frac{\omega}{s}$ des deux quantités ω et s dont la petitesse est excessive. En conséquence on ne doit pas demander si ces deux quantités pourraient devenir sensibles; mais bien examiner comment leur rapport exige d'être pris en considération dans la formation de l'équation de ce mouvement. Alors, le contraste entre la grandeur de l'effet et la petitesse de la cause qui le produit n'a plus rien de surprenant. C'est ainsi que dans une courbe, la fluxion de l'ordonnée et de l'abscisse conservent un rapport fini, même au moment où ces fluxions échappent à nos sens par leur petitesse.

(34) D'après ce qui a été dit dans le N.° 12 l'équation (27) est équivalente à celle-ci;

$$\left(\frac{d^2\varphi}{dt^2}\right) = m^2\left\{\left(\frac{d^2\varphi}{dx'^2}\right) + \left(\frac{d^2\varphi}{dy'^2}\right) + \left(\frac{d^2\varphi}{dz'^2}\right)\right\};$$

et en vertu de la formule (*B*) trouvée dans le N.° 9, on a entre les coordonnées polaires r, ω, ψ;

$$(29) \ldots \frac{d^2.r\varphi}{dt^2} = m^2\left\{\frac{d^2.r\varphi}{dr^2} + \frac{1}{r^2\sin\omega}\,\frac{d.\left[\sin\omega\,\frac{d.r\varphi}{d\omega}\right]}{d\omega} + \frac{1}{r^2\sin^2\omega}\,\frac{d^2.r\varphi}{d\psi^2}\right\}.$$

L'expression de φ qui satisfait à cette équation doit, en outre, avoir la propriété de satisfaire à l'équation (C) trouvée dans le N.° (14), où il suffit de rétablir φ au lieu de $\Gamma(t).\varphi_1$, pour avoir l'équation analogue qui convient au cas actuel. De sorte que, on a

$$(30)\ldots\left\{\begin{array}{c} -\frac{d\varphi}{dr}-\frac{P}{r}\cdot\frac{d\varphi}{d\omega}-\frac{Q}{r\sin\omega}\cdot\frac{d\varphi}{d\psi}= \\ a\frac{d\theta}{dt}\sin\omega\sin\psi\left\{1+P\cot\omega+Q\left[\frac{r}{a\sin\psi}+\frac{\cot.\psi}{\sin\omega}\right]\right\}\end{array}\right\}.$$

Cela posé; soit

$$r\varphi=\overset{(1)}{\Gamma}\overset{(1)}{V}+\overset{(2)}{\Gamma}\overset{(2)}{V}+\overset{(3)}{\Gamma}\overset{(3)}{V}+\text{etc.};$$

où $\overset{(n)}{\Gamma}$ désigne une fonction de r et t, et $\overset{(n)}{V}$ une fonction entière et rationnelle du dégré n qui satisfait à l'équation (12). En substituant un terme quelconque $\overset{(n)}{\Gamma}\overset{(n)}{V}$ de cette série dans l'équation (29), il est évident qu'on aura une équation identique, pourvu que la fonction $\overset{(n)}{\Gamma}$ des deux variables r et t soit telle qu'on ait

$$(31)\ \ldots\ \frac{d^2.\overset{(n)}{\Gamma}}{dt^2}=m^2\left\{\frac{d^2.\overset{(n)}{\Gamma}}{dr^2}-\frac{n(n+1)}{r^2}\overset{(n)}{\Gamma}\right\}.$$

Euler a donné l'intégrale complète de cette équation dans le Tome 3 des *Miscellanea Taurinensia* (voyez page 90) : il a trouvé que, en posant

$$\overset{(0)}{\Gamma}=F(r-mt)+\Pi(r+mt)$$

on avait, en regardant F et Π comme deux fonctions arbitraires;

$$\overset{(1)}{\Gamma}=\frac{\overset{(0)}{\Gamma}}{r}-\frac{d\overset{(0)}{\Gamma}}{dr};$$

$$\overset{(2)}{\Gamma} = \frac{3.\overset{(0)}{\Gamma}}{2r^2} - \frac{3}{2r}.\frac{d\overset{(0)}{\Gamma}}{dr} + \frac{1}{2}\frac{d^2\overset{(0)}{\Gamma}}{dr^2}\,;$$

$$\overset{(3)}{\Gamma} = \frac{5\overset{(0)}{\Gamma}}{2r^3} - \frac{5}{2r^2}\frac{d\overset{(0)}{\Gamma}}{dr} + \frac{1}{r}\frac{d^2\overset{(0)}{\Gamma}}{dr^2} - \frac{1}{2.3}\cdot\frac{d^3\overset{(0)}{\Gamma}}{dr^3}\,;$$

et en général ;

$$\overset{(n+1)}{\Gamma} = \frac{1}{r}\overset{(n)}{\Gamma} - \frac{1}{n+1}\cdot\frac{d\overset{(n)}{\Gamma}}{dr}.$$

Au reste, l'équation (31) qui détermine les fonctions $\overset{(n)}{\Gamma}$ est susceptible d'une transformation qu'il est utile d'avoir présente à l'esprit : elle consiste à faire

$$\overset{(n)}{\Gamma} = \frac{\overset{(n)}{\zeta}}{r^n}\,;$$

alors on a d'abord

$$\frac{d^2\overset{(n)}{\zeta}}{dt^2} = m^2\left\{\frac{d^2\overset{(n)}{\zeta}}{dr^2} - \frac{2n}{r}\frac{d\overset{(n)}{\zeta}}{dr}\right\}.$$

Maintenant, si l'on fait $x = r^{1+2n}$, il viendra l'équation

$$\frac{d^2\overset{(n)}{\zeta}}{dt^2} = m^2(1+2n)^2 x^{\frac{4n}{1+2n}}\cdot\frac{d^2\overset{(n)}{\zeta}}{dx^2},$$

semblable à celle qu'on rencontre dans la théorie des cordes vibrantes d'une épaisseur inégale, en observant qu'on peut ici faire n positif ou négatif. D'après cela on a

$$\frac{d\overset{(n)}{\Gamma}}{dr} = -\frac{n}{r^{1+n}}\overset{(n)}{\zeta} + (1+2n)r^n\frac{d\overset{(n)}{\zeta}}{dx}.$$

La forme des fonctions $\Gamma^{(n)}$ étant ainsi déterminée, si nous substituons dans l'équation (30) l'expression précédente de φ, on aura

$$(32)\ldots\left\{\begin{array}{l}-\Sigma\left\{\overset{(n)}{V}\dfrac{d.\left(\frac{\overset{(n)}{\Gamma}}{r}\right)}{dr}+\dfrac{P\overset{(n)}{\Gamma}}{r^2}\cdot\dfrac{d\overset{(n)}{V}}{d\omega}+\dfrac{Q\overset{(n)}{\Gamma}}{r^2\sin\omega}\dfrac{d\overset{(n)}{V}}{d\psi}\right\}\\ =a\dfrac{d\theta}{dt}\sin\omega\sin\psi\left\{1+P\cot\omega+Q\left[\dfrac{r}{a\sin\psi}+\dfrac{\cot\psi}{\sin\omega}\right]\right\}\end{array}\right\},$$

où le signe Σ se rapporte à l'indice n; en outre, il ne faut pas oublier que, après les différentiations, on doit ici substituer pour r la valeur du rayon vecteur qui convient à la surface du pendule.

Maintenant, si l'on observe, que

$$\varphi=\Sigma\frac{\overset{(n)}{\Gamma}\overset{(n)}{V}}{r},\quad \text{et}\quad \left(\frac{d\varphi}{dt}\right)=\Sigma\frac{\overset{(n)}{V}}{r}\cdot\frac{d\overset{(n)}{\Gamma}}{dt},$$

on accordera sans difficulté que, pour adapter l'équation (16) au mouvement du pendule dans un fluide élastique dont Δ désigne la densité constante, il suffit de l'écrire ainsi;

$$(33)\ldots\ldots\frac{d^2\theta}{dt^2}ML+gM\left(1-\frac{M'}{M}\right)\sin\theta=$$

$$\Delta\iint r^2Z\sin^2\omega\sin\psi f.\left\{a\frac{d\theta}{dt}Z\sin\omega\sin\psi\right\}d\omega d\psi$$

$$-\Delta\Sigma\int_0^{\pi}\int_0^{2\pi}rZ\sin^2\omega\sin\psi\overset{(n)}{V}\frac{d.\overset{(n)}{\Gamma}}{dt}d\omega d\psi.$$

(35) Considérons en particulier le cas de la sphère. Alors, on a $Z=1$, $P=0$, $Q=0$; ce qui réduit l'équation (32) à celle-ci;

$$-\Sigma\overset{(n)}{V}\frac{d.\left(\frac{\overset{(n)}{\Gamma}}{r}\right)}{dr}=a\frac{d\theta}{dt}.\sin\omega\sin\psi.$$

Or il est évident que, cette équation ne peut devenir identique qu'en prenant $\overset{(2)}{V}=0$, $\overset{(3)}{V}=0$, etc. à l'infini ; et

$$\overset{(1)}{V}=k\sin\omega\sin\psi\ ;$$

k étant un coefficient constant. De sorte que on a

$$(34)\ \ldots\ldots\ -\frac{k}{r^2}\left(r\frac{d\overset{(1)}{\Gamma}}{dr}-\overset{(1)}{\Gamma}\right)=a\frac{d\theta}{dt}\ ;$$

où $\overset{(1)}{\Gamma}$ désigne une fonction de r et t, qui, conformément à l'équation (31) doit être déterminée par cette équation aux différences partielles, savoir

$$(35)\ \ldots\ldots\ \frac{d^2.\overset{(1)}{\Gamma}}{dt^2}=m^2\left\{\frac{d^2.\overset{(1)}{\Gamma}}{dr^2}-\frac{2}{r^2}\overset{(1)}{\Gamma}\right\}.$$

L'équation (33) devient donc pour la sphère dont le rayon est c,

$$\frac{d^2\theta}{dt^2}.ML+gM\left(1-\frac{M'}{M}\right)\sin\theta=$$

$$\Delta c^3\iint\sin^2\omega\sin\psi f\left\{a\frac{d\theta}{dt}\sin\omega\sin\psi\right\}d\omega\,d\psi$$

$$-\frac{d\overset{(1)}{\Gamma}}{dt}\Delta c\,k.\int_0^{\pi}\int_0^{2\pi}\sin^3\omega\sin^2\psi.d\omega\,d\psi\ ;$$

en observant qu'on peut mettre hors du double signe intégral la quantité $\frac{d\overset{(1)}{\Gamma}}{dt}$, puisque cette fonction de r et t devient une fonction de c et t après y avoir fait $r=c$.

En remplaçant l'intégrale

$$\int_0^{\pi}\int_0^{2\pi}\sin^3\omega\sin^2\psi.d\omega\,d\psi$$

par sa valeur $\frac{4\pi}{3}$, et $\frac{4\pi c\Delta}{3}$ par $\frac{M'}{c^2}$, l'équation précédente deviendra;

$$(36)\ \ldots\ \left\{\begin{array}{l}\frac{d^2\theta}{dt^2}.ML+\frac{k}{c^2}\frac{d\overset{(1)}{\Gamma}}{dt}.M'+gM\left(1-\frac{M'}{M}\right)\sin\theta=\\ \quad\Delta c^2.\iint\sin^2\omega\sin\psi f.\left\{a\frac{d\theta}{dt}\sin\omega\sin\psi\right\}d\omega d\psi.\end{array}\right.$$

Les formules d'*Euler* rapportées plus haut donnent pour l'intégrale complète de l'équation (35);

$$\overset{(1)}{\Gamma}=\frac{1}{r}F(r-mt)-F'(r-mt)+\frac{1}{r}\Pi(r+mt)-\Pi'(r+mt),$$

partant

$$\frac{d\overset{(1)}{\Gamma}}{dr}=-\frac{1}{r^2}F(r-mt)+\frac{1}{r}F'(r-mt)-F''(r-mt)$$

$$-\frac{1}{r^2}\Pi(r+mt)+\frac{1}{r}\Pi'(r+mt)-\Pi''(r+mt);$$

$$\frac{d\overset{(1)}{\Gamma}}{dt}=-\frac{m}{r}F'(r-mt)+mF''(r-mt)+\frac{m}{r}\Pi'(r+mt)-m\Pi''(r+mt).$$

Ainsi en faisant $r=c$, l'équation (34) donne

$$(37)\ \ldots\ \frac{ac^2}{k}\frac{d\theta}{dt}=\frac{2}{c}F(c-mt)-2F'(c-mt)+cF''(c-mt)$$

$$+\frac{2}{c}\Pi(c+mt)-2\Pi'(c+mt)+c\Pi''(c+mt);$$

d'où l'on tire, en différentiant les deux membres par rapport au temps t;

$$\frac{ac^2}{2k}\frac{d^2\theta}{dt^2}=-\frac{m}{c}F'(c-mt)+mF''(c-mt)-\frac{c}{2}mF'''(c-mt)$$

$$+\frac{m}{c}\Pi'(c+mt)-m\Pi''(c+mt)+\frac{cm}{2}\Pi'''(c+mt).$$

En posant de même $r=c$ dans l'expression précédente de $\frac{d\Gamma^{(1)}}{dt}$ nous avons;

$$(38)\ldots\ \frac{d\Gamma^{(1)}}{dt}=-\frac{m}{c}F'(c-mt)+mF''(c-mt)+\frac{m}{c}\Pi'(c+mt)-m\Pi''(c+mt).$$

Le rapprochement de ces deux dernières équations fait voir que l'on a;

$$(39)\ldots\ \frac{d\Gamma^{(1)}}{dt}=\frac{ac^2}{2k}\cdot\frac{d^2\theta}{dt^2}+\frac{mc}{2}\left\{F'''(c-mt)-\Pi'''(c+mt)\right\}.$$

Donc en substituant cette valeur de $\frac{d\Gamma^{(1)}}{dt}$ dans l'équation (36), il viendra

$$(40)\ldots\left\{\begin{aligned}&\frac{d^2\theta}{dt^2}\left\{ML+\frac{M'a}{2}\right\}+gM\left(1-\frac{M'}{M}\right)\sin\theta\\&+\frac{mk}{2c}\cdot M'\left\{F'''(c-mt)-\Pi'''(c+mt)\right\}\\&=\Delta c^2\cdot\iint\sin^2\omega\sin\psi f\left\{a\frac{d\theta}{dt}\sin\omega\sin\psi\right\}d\omega d\psi.\end{aligned}\right.$$

Mais, abstraction faite de cette transformation de l'équation (36); pour opérer directement, il faudrait remplacer dans cette même équation, $\frac{d\Gamma^{(1)}}{dt}$, par sa valeur fournie par l'équation (38), et après cela on aurait seulement les deux équations (36) et (37) pour déterminer les trois fonctions inconnues du temps représentées par θ, $F(c-mt)$, $\Pi(c+mt)$. Or cela est impossible à moins que on ne découvre une troisième condition indispensable pour la solution du problème.

(36) Cette condition existe effectivement, et consiste en ceci, que, la fonction $\Pi(r+mt)$ doit être nulle. En effet; cette analyse donne,

pour un point quelconque de la masse fluide en mouvement,

$$\varphi = \frac{\overset{(1)}{\Gamma}\overset{(1)}{V}}{r} = \frac{k\sin\omega\sin\psi}{r^2}\left\{F(r-mt)+\Pi(r+mt)\right\}$$

$$-\frac{k\sin\omega\sin\psi}{r}\left\{F'(r-mt)+\Pi'(r+mt)\right\};$$

$$\left(\frac{d\varphi}{dt}\right)=\frac{\overset{(1)}{V}}{r}\frac{d\overset{(1)}{\Gamma}}{dt}=-\frac{mk\sin\omega\sin\psi}{r^2}\left\{F'(r-mt)-\Pi'(r+mt)\right\}$$

$$+\frac{mk\sin\omega\sin\psi}{r}\left\{F''(r-mt)-\Pi''(r+mt)\right\};$$

et par une différentiation facile on tire de là les trois vîtesses rectangulaires

$$\left(\frac{d\varphi}{dr}\right), \quad \frac{1}{r}\left(\frac{d\varphi}{d\omega}\right), \quad \frac{1}{r\sin\omega}\left(\frac{d\varphi}{d\psi}\right),$$

d'une molécule fluide quelconque, ayant r, ω, ψ pour ses coordonnées polaires. Or en supposant que le fluide n'a reçu aucune vîtesse initiale on devra avoir, lorsque $t=0$;

$$\left(\frac{d\varphi}{dr}\right)=0; \quad \frac{1}{r}\left(\frac{d\varphi}{d\omega}\right)=0; \quad \frac{1}{r\sin\omega}\left(\frac{d\varphi}{d\psi}\right)=0;$$

pour toute valeur de r, égale ou plus grande que le rayon c de la sphère. Cela posé, on conçoit aisément que, ces trois conditions ne peuvent être remplies que, en prenant deux fonctions de r; $F(r)$, $\Pi(r)$, telles qu'on ait $F(r)=0$, $\Pi(r)=0$, pour toutes les valeurs positives de r depuis $r=c$ jusqu'à $r=\infty$. Or, sans entrer dans la théorie relative aux fonctions discontinues de cette espèce; admettons, pour un moment, qu'on ait trouvé pour $\Pi(r)$ l'expression convenable; il faudra, dans notre cas, l'employer toujours en prenant pour r une quantité $r+mt$, qui, par sa nature, est toujours plus grande que c, puisque le temps t est un nombre positif et que les valeurs de r sont censées, ou égales ou plus grandes que c.

Donc nous aurons toujours $\Pi(r+mt)=0$. En appliquant ce même raisonnement à la fonction $F(r)$, on aura seulement $F(r-mt)=0$ pour les valeurs de r, qui, pour une valeur donnée de t sont telles qu'on a $r-mt>c$; mais, au même instant, la valeur de $F(r-mt)$ ne sera pas nulle, ni pour toute valeur de r comprise entre $r'=mt$ et $r''=mt+c$, ni pour toute valeur négative de r. Ainsi, après un temps très-court, plus grand que $\frac{c}{m}$, la fonction $F(c-mt)$ ne sera pas nulle. Les équations (36), (37), et (40) sont donc réductibles à celles-ci ;

$$(36)' \ldots \left\{ \begin{array}{l} \frac{d^2\theta}{dt^2} ML - \frac{m}{c^3} M' \left\{ F'(c-mt) - cF''(c-mt) \right\} + gM\left(1 - \frac{M'}{M}\right)\sin\theta \\ = \Delta c^2 \iint \sin^2\omega \sin\psi f. \left\{ a \frac{d\theta}{dt} \sin\omega \sin\psi \right\} d\omega d\psi ; \end{array} \right.$$

$$(37)' \ldots \left\{ a c^3 \frac{d\theta}{dt} = 2F(c-mt) - 2cF'(c-mt) + c^2 F''(c-mt); \right.$$

$$(40)' \ldots \left\{ \begin{array}{l} \frac{d^2\theta}{dt^2} \left\{ ML + \frac{M'a}{2} \right\} + gM\left(1 - \frac{M'}{M}\right)\sin\theta + \frac{m}{2c} M' F'''(c-mt) \\ = \Delta c^2 \iint \sin^2\omega \sin\psi f. \left\{ a \frac{d\theta}{dt} \sin\omega \sin\psi \right\} d\omega d\psi ; \end{array} \right.$$

et l'expression de φ se réduit à

$$(41) \ldots \quad \varphi = \frac{\sin\omega \sin\psi}{r^2} . F(r-mt) - \frac{\sin\omega \sin\psi}{r} . F'(r-mt) .$$

En écrivant ces quatre équations, j'ai supprimé le facteur constant k, parceque rien n'empêche de l'imaginer compris dans la fonction $F(r-mt)$.

Maintenant j'observe que l'on a ;

$$F'(c-mt)=\frac{d.F(c-mt)}{dc}=-\frac{1}{m}\frac{d.F(c-mt)}{dt},$$

$$F''(c-mt)=\frac{d^2.F(c-mt)}{dc^2}=\frac{1}{m^2}\frac{d^2.F(c-mt)}{dt^2},$$

$$F'''(c-mt)=\frac{d^3.F(c-mt)}{dc^3}=-\frac{1}{m^3}\frac{d^3.F(c-mt)}{dt^3},$$

$$F'(r-mt)=\frac{d.F(r-mt)}{dr}=-\frac{1}{m}\frac{d.F(r-mt)}{dt};$$

et que par conséquent les quatre équations précédentes sont équivalentes à celles-ci ;

$$(36)''\ldots\left\{\begin{aligned}&\frac{d^2\theta}{dt^2}ML+\frac{M'}{c^3}\left\{\frac{d.F(c-mt)}{dt}+\frac{c}{m}\frac{d^2.F(c-mt)}{dt^2}\right\}+g(M-M')\sin\theta\\&=\Delta c^2\iint\sin^2\omega\sin\psi f\left\{a\frac{d\theta}{dt}\sin\omega\sin\psi\right\}d\omega d\psi;\end{aligned}\right.$$

$$(37)''\ldots\left\{ac^3\frac{d\theta}{dt}=2F(c-mt)+\frac{2c}{m}\frac{d.F(c-mt)}{dt}+\frac{c^2}{m^2}\frac{d^2.F(c-mt)}{dt^2};\right.$$

$$(40)''\ldots\left\{\begin{aligned}&\frac{d^2\theta}{dt^2}\left\{ML+\frac{M'a}{2}\right\}+g(M-M')\sin\theta-\frac{2\pi}{3}\Delta.\frac{c^2}{m^2}\frac{d^3.F(c-mt)}{dt^3}\\&=\Delta c^2\iint\sin^2\omega\sin\psi f\left\{a\frac{d\theta}{dt}\sin\omega\sin\psi\right\}d\omega d\psi;\end{aligned}\right.$$

$$(41)'\ldots\left\{\varphi=\frac{\sin\omega\sin\psi}{r^2}\left\{F(r-mt)+\frac{r}{m}\frac{d.F(r-mt)}{dt}\right\}.\right.$$

(37) En réfléchissant sur la signification du signe $F(c-mt)$ on est, au premier coup d'oeil, disposé à croire qu'il ne peut être qu'une combinaison du binome $c-mt$ et d'autres quantités constantes: mais si l'on observe que, $t=\frac{c}{m}-\frac{(c-mt)}{m}$ on accordera, que, toute fonction de la variable t peut être regardée comme une

fonction du binome $c-mt$. De sorte que, même une fonction de kt, tout-à-fait indépendante de c et de m, peut être interprétée comme une fonction du binome $c-mt$, puisque, pour cela, il suffit d'écrire

$$\text{Fonct.}(kt)=\text{Fonct.}\left\{k\frac{c}{m}-\frac{k}{m}(c-mt)\right\};$$

k étant un coefficient constant.

Si on objectait que, cette idée n'est pas applicable à une fonction telle que $F(c-mt)$, qu'on obtient en faisant $r=c$ dans la fonction $F(r-mt)$, on pourrait répondre qu'une fonction de $\dfrac{r-mt-c}{-m}$ est aussi une fonction de $r-mt$; et comme rien n'empêche de remplacer dans les résultats précédens, $F(r-mt)$ par

$$F\left\{\frac{r-mt-c}{-m}\right\},\quad \text{ou par}\quad F\left\{k.\frac{r-mt-c}{-m}\right\},$$

il viendra, lorsqu'on fait $r=c$, $F(kt)$ au lieu de $F(c-mt)$. En opérant ce changement dans les équations (36)″, (37)″, (40)″, (41)′, et posant, pour plus de simplicité, $F(kt)=\zeta$, nous aurons;

$$(36)'''\ldots\left\{\begin{aligned}&\frac{d^2\theta}{dt^2}ML+\frac{M'}{c^3}\left\{\frac{d\zeta}{dt}+\frac{c}{m}\frac{d^2\zeta}{dt^2}\right\}+g(M-M')\sin\theta\\&=\Delta c^2\iint\sin^2\omega\sin\psi f\left\{a\frac{d\theta}{dt}\sin\omega\sin\psi\right\}d\omega d\psi;\end{aligned}\right.$$

$$(37)'''\ldots\left\{\ ac^3\frac{d\theta}{dt}=2\zeta+\frac{2c}{m}\cdot\frac{d\zeta}{dt}+\frac{c^2}{m^2}\cdot\frac{d^2\zeta}{dt^2};\right.$$

$$(40)'''\ldots\left\{\begin{aligned}&\frac{d^2\theta}{dt^2}\left\{ML+\frac{M'a}{2}\right\}+g(M-M')\sin\theta-\frac{2\pi}{3}\Delta\frac{c^2}{m^2}\cdot\frac{d^3\zeta}{dt^3}\\&=\Delta c^2\iint\sin^2\omega\sin\psi f\left\{a\frac{d\theta}{dt}\sin\omega\sin\psi\right\}d\omega d\psi;\end{aligned}\right.$$

$$(41)''\ldots\left\{\ \varphi=\frac{\sin\omega\sin\psi}{r^2}\left\{F\left[k\frac{(r-mt-c)}{-m}\right]+\frac{r}{m}\frac{d.F\left[k\frac{(r-mt-c)}{-m}\right]}{dt}\right\}\right..$$

Toutefois il ne faut pas oublier que la troisième de ces équations est une conséquence nécessaire des deux premières. Maintenant, pour simplifier autant que possible l'écriture de ces équations nous remplacerons $\zeta = F(kt)$ par $\frac{c^3}{2}\zeta$; ce qui donnera

$$(36)^{\text{IV}} \ldots \left\{ \begin{array}{l} \frac{d^2\theta}{dt^2} ML + \frac{M'}{2} \left\{ \frac{d\zeta}{dt} + \frac{c}{m} \frac{d^2\zeta}{dt^2} \right\} + g(M - M')\sin\theta \\ = \Delta c^2 \iint \sin^2\omega \sin\psi f \left\{ a \frac{d\theta}{dt} \sin\omega \sin\psi \right\} d\omega d\psi ; \end{array} \right.$$

$$(37)^{\text{IV}} \ldots \left\{ a \frac{d\theta}{dt} = \zeta + \frac{c}{m} \cdot \frac{d\zeta}{dt} + \frac{c^2}{2m^2} \cdot \frac{d^2\zeta}{dt^2} ; \right.$$

$$(40)^{\text{IV}} \ldots \left\{ \begin{array}{l} \frac{d^2\theta}{dt^2} \left\{ ML + \frac{M'a}{2} \right\} + g(M - M')\sin\theta - \frac{M'}{4} \cdot \frac{c^2}{m^2} \frac{d^3\zeta}{dt^3} \\ = \Delta c^2 \iint \sin^2\omega \sin\psi f \left\{ a \frac{d\theta}{dt} \sin\omega \sin\psi \right\} d\omega d\psi ; \end{array} \right.$$

$$(41)''' \ldots \left\{ \varphi = \frac{c^3 \sin\omega \sin\psi}{2r^2} \left\{ F\left[k \frac{(r - mt - c)}{-m} \right] + \frac{r}{m} \frac{d.F\left[k \frac{(r-mt-c)}{-m} \right]}{dt} \right\} \right. .$$

Ces équations reviennent à celles qu'on aurait obtenues immédiatement en écrivant

$$\frac{c^3}{2} F\left[k \frac{(r - mt - c)}{-m} \right] \quad \text{au lieu de} \quad F(r - mt)$$

dans l'expression de $\Gamma^{(1)}$: mais en anticipant cette idée, elle pouvait paraître obscure, quoique sa déduction de l'expression générale, $F(r - mt)$ soit fort simple et naturellement conforme aux équations de ce problème.

(38) Si nous imaginons développé suivant les puissances de $a\frac{d\theta}{dt}$ le second membre de l'équation $(36)^{\text{IV}}$, la question actuelle sera de déterminer les variables ζ et θ à l'aide des deux équations

$$(42)\ldots\left\{\begin{array}{l} a\frac{d^2\theta}{dt^2}ML+\frac{M'a}{2}\left\{\frac{d\zeta}{dt}+\frac{c}{m}\frac{d^2\zeta}{dt^2}\right\}+G.a\frac{d\theta}{dt}+G'\left(a\frac{d\theta}{dt}\right)^2+\text{etc.} \\ =-ga(M-M')\sin\theta\ ; \end{array}\right.$$

$$(43)\ldots\left\{a\frac{d\theta}{dt}=\zeta+\frac{c}{m}\cdot\frac{d\zeta}{dt}+\frac{c^2}{2m^2}\cdot\frac{d^2\zeta}{dt^2}\ ;\right.$$

G, G', G'' etc. étant des coefficiens constans, qui doivent être fort petits en conséquence de leur origine.

Le premier membre de l'équation (42) peut être regardé comme une fonction de ζ en vertu de l'équation (43). Soit P cette fonction de ζ: nous aurons l'équation

$$P=-g(M-M')a\sin\theta\ ,$$

qui étant différentiée donne

$$\frac{dP}{dt}=-g(M-M')a\frac{d\theta}{dt}\cos\theta=-\frac{d\theta}{dt}\sqrt{a^2g^2(M-M')^2-P^2}\ ,$$

ou bien

$$(44)\ldots\ a\frac{dP}{dt}=-\left(\zeta+\frac{c}{m}\frac{d\zeta}{dt}+\frac{c^2}{2m^2}\frac{d^2\zeta}{dt^2}\right)\sqrt{a^2g^2(M-M')^2-P^2}\ .$$

Cette équation se simplifie en négligeant le carré de P, c'est-à-dire le carré de l'arc θ: ce qui est permis dans le cas des oscillations fort petites. Alors, on a

$$(45)\ldots\ \frac{dP}{dt}=-g(M-M')\left(\zeta+\frac{c}{m}\frac{d\zeta}{dt}+\frac{c^2}{2m^2}\frac{d^2\zeta}{dt^2}\right):$$

et en substituant pour $\frac{dP}{dt}$ sa valeur

$$(46)\ldots\left\{\begin{array}{l} G\frac{d\zeta}{dt}+\left(ML+\frac{M'a}{2}+G\frac{c}{m}\right)\frac{d^2\zeta}{dt^2} \\ +\frac{c}{m}\left(ML+\frac{M'a}{2}+\frac{Gc}{2m}\right)\frac{d^3\zeta}{dt^3}+ML\frac{c^2}{2m^2}\frac{d^4\zeta}{dt^4} \\ +2G'\left(\zeta+\frac{c}{m}\frac{d\zeta}{dt}+\frac{c^2}{2m^2}\frac{d^2\zeta}{dt^2}\right)\left(\frac{d\zeta}{dt}+\frac{c}{m}\frac{d^2\zeta}{dt^2}+\frac{2m^2}{c^2}\frac{d^3\zeta}{dt^3}\right) \\ +\text{etc.}=-g(M-M')\left\{\zeta+\frac{c}{m}\frac{d\zeta}{dt}+\frac{c^2}{2m^2}\frac{d^2\zeta}{dt^2}\right\}. \end{array}\right.$$

Cette équation ne peut être intégrée que par approximation. Pour cela, on négligera d'abord les termes multipliés par les petits coefficiens G', G'', etc. ; ce qui la réduira à une équation linéaire dont les coefficiens sont constans. Pour intégrer celle-ci on posera, suivant la méthode connue,

$$\zeta=Ae^{kt};$$

et on aura pour déterminer k l'équation

$$(47)\ldots\left\{\begin{array}{l} Gk+\left(ML+\frac{M'a}{2}+G\frac{c}{m}\right)k^2+\frac{c}{m}\left(ML+\frac{M'a}{2}+G\frac{c}{2m}\right)k^3 \\ +ML\frac{c^2}{2m^2}k^4+g(M-M')\left\{1+\frac{c}{m}k+\frac{c^2}{2m^2}k^2\right\}=0. \end{array}\right.$$

On conçoit que les quatre racines de cette équation doivent être imaginaires, afin que l'expression de $a\frac{d\theta}{dt}$ fournie par l'équation (43) puisse être conforme à l'observation. Mais il est essentiel d'avoir au moins une valeur approchée de ces racines. Pour cela, je commence par ordonner cette équation suivant les puissances de k, ce qui donne

$$o = k^4 + \frac{k^3.2m}{cML}\left\{ML + M'\frac{a}{2} + G.\frac{c}{2m}\right\}$$

$$+ \frac{k^2.2m^2}{c^2.ML}\left\{ML + M'\frac{a}{2} + G\frac{c}{m} + g(M-M')\frac{c^2}{2m^2}\right\}$$

$$+ k.\frac{2m^2}{c^2.ML}\left\{G + g(M-M')\frac{c}{m}\right\} + g(M-M')\frac{2m^2}{c^2.ML}.$$

Maintenant, si l'on fait $k = \frac{m}{c}x$, on changera cette équation en celle-ci;

$$o = x^4 + 2x^3\left\{1 + \frac{M'}{M}.\frac{a}{2L} + \frac{G}{ML}.\frac{c}{2m}\right\}$$

$$+ 2x^2\left\{1 + \frac{M'}{M}.\frac{a}{2L} + \frac{G}{ML}.\frac{c}{m} + \frac{g(M-M')}{ML}.\frac{c^2}{2m^2}\right\}$$

$$+ 2x.\frac{c}{m}\left\{\frac{G}{ML} + g(M-M').\frac{c}{m}\right\} + \frac{2c^2}{m^2}.\frac{g(M-M')}{ML}.$$

La petitesse des quantités G et $\frac{c}{m}$ permet de regarder la valeur de x qui satisfait à cette équation comme fort peu différente de celle qui donnerait

$$x^4 + 2x^3\left(1 + \frac{M'}{M}.\frac{a}{2L}\right) + 2x^2\left(1 + \frac{M'}{M}.\frac{a}{2L}\right) = o :$$

de sorte que, on a, rigoureusement,

$$x = \alpha \pm \beta\sqrt{-1} - \left(1 + \frac{M'}{M}.\frac{a}{2L}\right) \pm \sqrt{-1}.\sqrt{1 - \left(\frac{M'}{M}\right)^2.\frac{a^2}{4L^2}};$$

α et β étant deux quantités réelles très-petites en comparaison de l'unité: en les négligeant il viendra

$$(48)\ldots\left\{ k = -\frac{m}{c}\left(1 + \frac{M'}{M}.\frac{a}{2L}\right) \pm \frac{m}{c}.\sqrt{1 - \left(\frac{M'}{M}\right)^2.\frac{a^2}{4L^2}}.\sqrt{-1}.\right.$$

Pour trouver les deux autres racines, observons que, l'équation (47) peut être écrite ainsi ;

$$0=\left[k^2\left(ML+M'\frac{a}{2}+G\frac{c}{m}\right)+Gk+g(M-M')\right]$$
$$+k\frac{c}{m}\left[k^2\left(ML+M'\frac{a}{2}+G\frac{c}{2m}\right)+g(M-M')\right]$$
$$+k^2\frac{c^2}{2m^2}\left[k^2.ML+g(M-M')\right].$$

Les trois parties qui composent le second membre de cette équation sont telles que le coefficient de k^2 dans les quantités comprises entre les crochets carrés y est à-peu-près le même : cette circonstance, jointe à la petitesse des quantités G et $\frac{c}{m}$, autorise à regarder comme valeurs approchées de k celles qui satisfont à l'équation

$$k^2\left(ML+M'\frac{a}{2}+G.\frac{c}{m}\right)+Gk+g(M-M')=0:$$

de sorte que, on a,

$$(49)\ldots\left\{\quad k=\frac{-\frac{1}{2}G\pm\sqrt{g(M-M')\left(ML+M'\frac{a}{2}+G\frac{c}{m}\right)-\frac{1}{4}G^2}.\sqrt{-1}}{ML+M'\frac{a}{2}+G.\frac{c}{m}}\right..$$

Ainsi, en faisant pour plus de simplicité ;

$$\beta=\frac{G}{2\left(ML+M'\frac{a}{2}+G.\frac{c}{m}\right)};\ \gamma=\frac{\sqrt{g(M-M')\left(ML+M'\frac{a}{2}+G.\frac{c}{m}\right)-\frac{G^2}{4}}}{ML+M'\frac{a}{2}+G.\frac{c}{m}};$$

$$\beta'=1+\frac{M'}{M}\cdot\frac{2L}{a};\qquad\qquad \gamma'=\sqrt{1-\left(\frac{M'}{M}\right)^2\cdot\frac{a^2}{4L^2}};$$

les quatre valeurs approchées de k seront

$$k = -\beta \pm \gamma\sqrt{-1}\,; \qquad k = -\frac{m}{c}\left(\beta' \pm \gamma'\sqrt{-1}\right);$$

où β désigne une quantité positive et fort petite ; β' et γ' sont des quantités très peu différentes de l'unité, en exceptant les cas où la fraction $\frac{M'}{M}$ ne serait pas très-petite.

Il suit de là que, nous avons pour l'expression approchée mais complète de ζ ;

$$\zeta = e^{\frac{-m\beta' t}{c}}\left\{Ae^{\frac{m\gamma' t\sqrt{-1}}{c}} + A'e^{\frac{-m\gamma' t\sqrt{-1}}{c}}\right\} + e^{-\beta t}\left\{Be^{\gamma t\sqrt{-1}} + B'e^{-\gamma t\sqrt{-1}}\right\},$$

A, A', B, B' étant quatre constantes arbitraires. Et en changeant la signification de ces constantes on aura sous forme réelle;

$$(50) \ldots \zeta = e^{\frac{-m\beta' t}{c}}\left\{A.\cos\frac{m\gamma' t}{c} + A'\sin\frac{m\gamma' t}{c}\right\} + e^{-\beta t}\left\{B\cos\gamma t + B'\sin\gamma t\right\}.$$

Cette expression donne

$$\frac{d\zeta}{dt} = -\frac{m}{c}e^{\frac{-m\beta' t}{c}}\left\{(A\beta' - A'\gamma')\cos\frac{m\gamma' t}{c} + (A\gamma' + A'\beta')\sin\frac{m\gamma' t}{c}\right\}$$
$$-\beta e^{-\beta t}\left\{(B - B')\cos\gamma t + (B + B')\sin\gamma t\right\};$$

$$\frac{d^2\zeta}{dt^2} = \frac{m^2}{c^2}e^{\frac{-m\beta' t}{c}}\left\{\begin{array}{l}[2A\beta'\gamma' + A'(\beta'^2 - \gamma'^2)]\sin\frac{m\gamma' t}{c}\\ -[2A'\beta'\gamma' - A(\beta'^2 - \gamma'^2)]\cos\frac{m\gamma' t}{c}\end{array}\right\}$$
$$+ 2\beta^2 e^{-\beta t}\left\{B\sin\gamma t - B'\cos\gamma t\right\}.$$

En substituant ces valeurs dans l'équation (43) nous aurons;

$$a\frac{d\theta}{dt}=\left\{A\left(1-\beta'+\frac{1}{2}\beta'^2-\frac{1}{2}\gamma'^2\right)+A'\gamma'(1-\beta')\right\}e^{\frac{-m\beta't}{c}}\cos\frac{m\beta't}{c}$$

$$+\left\{A'\left(1-\beta'+\frac{1}{2}\beta'^2-\frac{1}{2}\gamma'^2\right)-A\gamma'(1-\beta')\right\}e^{\frac{-m\beta't}{c}}\sin\frac{m\beta't}{c}$$

$$+\left\{B-\beta\frac{c}{m}(B-B')-\beta^2\frac{c^2}{m^2}B'\right\}e^{-\beta t}\cos\gamma t$$

$$+\left\{B'-\beta\frac{c}{m}(B+B')+\beta^2\frac{c^2}{m^2}B\right\}e^{-\beta t}\sin\gamma t\;;$$

ou bien;

$$(51)\ldots\quad a\frac{d\theta}{dt}=(1-\beta')e^{\frac{-m\beta't}{c}}\left\{\begin{array}{l}\left[A\left(1+\frac{1}{2}\beta'+\frac{1}{2}\gamma'\right)+A'\gamma'\right]\cos\frac{m\beta't}{c}\\+\left[A'\left(1+\frac{1}{2}\beta'+\frac{1}{2}\gamma'\right)-A\gamma'\right]\sin\frac{m\beta't}{c}\end{array}\right\}$$

$$+\left(1-\beta\frac{c}{m}\right)e^{-\beta t}\left\{\begin{array}{l}\left(B+B'\beta\frac{c}{m}\right)\cos\gamma t\\+\left(B'-B\beta\frac{c}{m}\right)\sin\gamma t\end{array}\right\}.$$

Pour déterminer les quatre constantes arbitraires on observera que, à l'origine du mouvement on doit avoir $\theta=\alpha$, $\frac{d\theta}{dt}=0$; et que, en outre, on doit avoir $\zeta=0$, $\frac{d\zeta}{dt}=0$, afin que les vitesses des molécules fluides soient aussi nulles lorsque $t=0$. L'équation (42), en y faisant $t=0$, se réduit donc à;

$$a\frac{d^2\theta}{dt^2}.ML=-ga(M-M')\sin\alpha=-ga.(M-M')\alpha\;;$$

où il faudra substituer pour $a\frac{d^2\theta}{dt^2}$ la valeur déduite de l'expression précédente de $a\frac{d\theta}{dt}$. Ainsi nous avons les équations

$$\zeta=0\,,\quad \frac{d\zeta}{dt}=0\,,\quad \frac{d\theta}{dt}=0\,;\quad a\frac{d^2\theta}{dt^2}ML+g(M-M')a\alpha=0\,;$$

pour déterminer les quatre constantes arbitraires A, A', B, B'.

Ce calcul se simplifie en négligeant les très-petits termes dépendans de l'argument $\frac{m\gamma' t}{c}$: alors on a

$$a\frac{d\theta}{dt}=\left(1-\beta\cdot\frac{c}{m}\right)e^{-\beta t}\left(B'-B.\beta\frac{c}{m}\right)\sin\gamma t\,;$$

$$B+B'\beta\frac{c}{m}=0\,;$$

ou bien

$$a\frac{d\theta}{dt}=B'\left(1-\beta\frac{c}{m}\right)\left(1+\beta^2\frac{c^2}{m^2}\right)e^{-\beta t}\sin\gamma t\,;$$

d'où l'on tire

$$a\frac{d^2\theta}{dt^2}=B'\left(1-\beta\frac{c}{m}\right)\left(1+\beta^2\frac{c^2}{m^2}\right)\Big\{\gamma\cos\gamma t-\beta\sin\gamma t\Big\}e^{-\beta t}.$$

Donc, en faisant $t=0$, on doit avoir l'équation

$$ML.B'\gamma\left(1-\beta.\frac{c}{m}\right)\left(1+\beta^2.\frac{c^2}{m^2}\right)+g(M-M')a\alpha=0\,;$$

partant

$$(52)\ \ldots\ldots\ \frac{d\theta}{dt}=-g\frac{(M-M')\alpha}{\gamma ML}.e^{-\beta t}\sin\gamma t\,.$$

En intégrant cette expression de manière qu'on ait $\theta=\alpha$, lorsque $t=0$, il viendra;

$$\theta-\alpha=g\,\frac{\alpha(M-M')}{ML(\beta^2+\gamma^2)}\left\{\left(\frac{\beta}{\gamma}\sin\gamma t+\cos\gamma t\right).\,e^{-\beta t}-1\right\},$$

ou bien,

$$(53)\ldots\ \theta-\alpha=\alpha\left(1+\frac{M'}{M}\cdot\frac{a}{2L}+\frac{G}{ML}\cdot\frac{c}{m}\right)\left\{\left(\frac{\beta}{\gamma}\sin\gamma t+\cos\gamma t\right)e^{-\beta t}-1\right\}.$$

Comme nous avons

$$\gamma=\sqrt{\frac{g}{L}}\cdot\sqrt{\frac{M-M'}{M+M'\cdot\frac{a}{2L}+\frac{G}{L}\cdot\frac{c}{m}}-\frac{G^2}{4\left(ML+\frac{M'a}{2}+G\frac{c}{m}\right)^2}};$$

et que la valeur de la quantité G est fort petite on réduira cette expression de γ à ;

$$\gamma=\sqrt{\frac{g}{L}}\cdot\sqrt{\frac{1-\frac{M'}{M}}{1+\frac{M'}{M}\,\frac{a}{2L}}}\,.$$

Maintenant si l'on fait $a=L$ on aura, en négligeant le carré de $\frac{M'}{M}$;

$$\gamma=\sqrt{\frac{g}{L}}\cdot\sqrt{1-\frac{3}{2}\frac{M'}{M}}:$$

ce qui s'accorde avec le résultat obtenu dans le cas d'un fluide incompressible.

(39) Je borne là ce qui concerne la théorie de la formation de l'équation différentielle du mouvement du pendule composé, et je vais m'occuper de l'intégration de l'équation (6) en y regardant le coefficient μ comme une quantité fort petite, et le coefficient $\frac{g}{L}$ comme déjà réduit à ce qu'il doit être pour avoir égard à la pression exercée par le fluide en état de mouvement.

CHAPITRE QUATRIÈME

INTÉGRATION DE L'ÉQUATION

$$[1] \ldots\ldots \frac{d^2\theta}{dt^2} + \frac{g}{L}\sin\theta = \frac{1}{2}\mu\left(\frac{d\theta}{dt}\right)^2.$$

(40) L'arc θ, dont il est ici question, demeure positif pendant la première demi-oscillation du pendule ; après, il devient négatif et demeure négatif pendant la durée de la seconde demi-oscillation. De sorte que, si on voulait considérer l'arc θ comme une quantité toujours positive, on prendrait

$$[2] \ldots\ldots \frac{d^2\theta}{dt^2} + \frac{g}{L}\sin\theta = -\frac{1}{2}\mu\left(\frac{d\theta}{dt}\right)^2$$

pour l'équation du mouvement relative à la seconde demi-oscillation. Il est évident qu'on aurait la même équation par le simple changement du signe de θ dans l'équation [1] : mais, pour plus de clarté, il peut être utile d'établir dans quelques cas une telle distinction. Alors, en désignant par α l'angle initial formé par la ligne L avec la verticale, l'équation [1] subsiste depuis $\theta = \alpha$ jusqu'à $\theta = 0$; et l'équation [2] lui succède depuis $\theta = 0$ jusqu'à $\theta = \alpha'$; α' étant l'amplitude de la seconde demi-oscillation. Si le pendule avait reçu une vitesse initiale capable de rendre son mouvement révolutif, il serait plus simple de regarder l'équation [1] comme ayant lieu pendant toute la durée du mouvement révolutif.

(41) Comme l'arc θ est une fonction du temps, rien n'empêche de faire $\left(\frac{d\theta}{dt}\right)^2 = y$, et de regarder y comme une fonction de θ.

Alors cette équation donne $2\frac{d\theta}{dt}\cdot\frac{d^2\theta}{dt^2}=\frac{dy}{d\theta}\cdot\frac{d\theta}{dt}$, ou bien

$$\frac{d^2\theta}{dt^2}=\frac{1}{2}\frac{dy}{d\theta}.$$

On a donc, au lieu de l'équation [1], l'équation linéaire

$$\frac{dy}{d\theta}-\mu y=-\frac{2g}{L}\sin\theta,$$

dont l'intégrale complète est

$$[3]\ldots\ y=Ce^{\mu\theta}+\frac{2g(\cos\theta+\mu\sin\theta)}{L(1+\mu^2)},$$

C désignant une constante arbitraire: si la vitesse initiale est nulle on la détermine en observant que, on a en même temps $y=0$, $\theta=\alpha$; et par conséquent

$$[4]\ldots\left(\frac{d\theta}{dt}\right)^2=\frac{2g}{L(1+\mu^2)}\left\{\cos\theta+\mu\sin\theta-(\cos\alpha+\mu\sin\alpha)e^{-\mu(\alpha-\theta)}\right\};$$

d'où l'on tire

$$[5]\ldots t\sqrt{\frac{g}{L(1+\mu^2)}}=-\int_{\alpha}^{\theta}\frac{d\theta}{\sqrt{2\cos\theta+2\mu\sin\theta-2(\cos\alpha+\mu\sin\alpha)e^{-\mu(\alpha-\theta)}}}.$$

Cette équation, ainsi écrite, subsiste pendant toute la durée de la première demi-oscillation.

L'équation [4] fait voir que, le *maximum* de la vitesse n'a pas lieu à l'instant où le pendule passe par la verticale. En effet; pour avoir la valeur de θ qui correspond à ce *maximum*, il faut égaler à zéro la différentielle du second membre de l'équation [4], prise par rapport à θ: donc en nommant β cette valeur particulière de θ, il faudra la déterminer d'après l'équation

$$[6] \ldots (\mu\cos\beta - \sin\beta)e^{-\mu\beta} = \mu(\cos\alpha + \mu\sin\alpha)e^{-\mu\alpha},$$

laquelle, en négligeant le carré de μ et de β, donne

$$\beta = \mu(1 - \cos\alpha) = 2\mu\sin^2.\frac{1}{2}\alpha.$$

Cela suffit pour démontrer que, la résistance de l'air place le point du *maximum* de vîtesse un peu avant le passage du pendule par la verticale.

En faisant $\theta = 0$ dans le second membre de l'équation [4], on obtient

$$\left(\frac{d\theta}{dt}\right)^2 = \frac{2g}{L(1+\mu^2)}\left\{1 - (\cos\alpha + \mu\sin\alpha)e^{-\mu\alpha}\right\}.$$

Cette valeur de $\left(\frac{d\theta}{dt}\right)^2$ est positive, puisque la quantité

$$(\cos\alpha + \mu\sin\alpha)e^{-\mu\alpha}$$

demeure toujours plus petite que l'unité. Donc, dans l'hypothèse d'une résistance proportionnelle au carré de la vîtesse, le mouvement d'un pendule abandonné à lui-même est nécessairement oscillatoire. Mais si, la résistance renfermait en outre un terme constant, l'équation différentielle du mouvement du pendule serait de la forme

$$\frac{d^2\theta}{dt^2} + \frac{g}{L}\sin\theta = \frac{1}{2}k + \frac{1}{2}\mu\left(\frac{d\theta}{dt}\right)^2,$$

et alors on aurait

$$\frac{L(1+\mu^2)}{2g}\left(\frac{d\theta}{dt}\right)^2 = \cos\theta + \mu\sin\theta - \left[\cos\alpha + \mu\sin\alpha + \frac{kL}{2\mu g}(1+\mu^2)\right]e^{-\mu(\alpha-\theta)};$$

d'où on tire en posant $\theta = 0$;

$$\left(\frac{d\theta}{dt}\right)^2=\frac{2g}{L(1+\mu^2)}\left\{1-\left[\cos\alpha+\mu\sin\alpha+\frac{kL}{2\mu g}(1+\mu^2)\right]e^{-\mu\alpha}\right\}.$$

Comme le second membre de cette équation peut être positif ou négatif suivant la grandeur du rapport $\frac{kL}{2\mu g}$, on ne peut pas affirmer que, dans cette hypothèse, le mouvement sera toujours oscillatoire.

(42) En changeant le signe de μ, dans l'équation [3], on a

$$\left(\frac{d\theta}{dt}\right)^2=Ce^{-\mu\theta}+\frac{2g(\cos\theta-\mu\sin\theta)}{L(1+\mu^2)},$$

pour l'intégrale de l'équation [2]. En faisant $\theta=0$ dans cette expression, et égalant la valeur qui en résulte à celle fournie par le second membre de l'équation [4], lorsqu'on y fait aussi $\theta=0$, on devra avoir

$$C+\frac{2g}{L(1+\mu^2)}=\frac{2g}{L(1+\mu^2)}\left\{1-(\cos\alpha+\mu\sin\alpha)e^{-\mu\alpha}\right\};$$

et par conséquent

$$[7]\ldots\left(\frac{d\theta}{dt}\right)^2=\frac{2g}{L(1+\mu^2)}\left\{\cos\theta-\mu\sin\theta-(\cos\alpha+\mu\sin\alpha)e^{-\mu(\alpha+\theta)}\right\}$$

pour la valeur de $\left(\frac{d\theta}{dt}\right)^2$ depuis $\theta=0$ jusqu'à $\theta=\alpha'$.

Mais, au moment où $\theta=\alpha'$, on doit avoir $\frac{d\theta}{dt}=0$; ainsi, il est manifeste, que les amplitudes α et α', qui ont lieu à gauche et à droite de la verticale, sont liées par l'équation

$$\cos\alpha'-\mu\sin\alpha'=(\cos\alpha+\mu\sin\alpha)e^{-\mu(\alpha+\alpha')},$$

ou (ce qui revient au même) par l'équation

$$[8]\ldots(\cos\alpha'-\mu\sin\alpha')e^{\mu\alpha'}=(\cos\alpha+\mu\sin\alpha)e^{-\mu\alpha}.$$

Comme, par la nature du problème, la valeur de α' est fort peu différente de α, il est facile de tirer de là, en négligeant le carré de μ;

$$\alpha' = \alpha - \frac{2\mu}{\sin\alpha}\left(\sin\alpha - \alpha\cos\alpha\right).$$

Mais si, on voulait tenir compte des termes multipliés par μ^2, μ^3 etc., il conviendrait d'appliquer à l'équation [8] l'élégante série d'*Euler* rapportée par *Lagrange* dans la page 214 de la seconde Edition de son *Traité de la résolution des équations numériques*: ou bien, on supposerait directement

$$\alpha' = \alpha - p\mu - p'\mu^2 - p''\mu^3 - \text{etc.}$$

et on déterminerait les coefficiens p, p', p'' etc., en égalant à zéro les coefficiens affectés des mêmes puissances de μ dans le développement de l'équation [8]. En bornant ce calcul à celui des coefficiens p et p' on trouvera

$$[9] \ldots \alpha' = \alpha - \frac{2\mu}{\sin\alpha}(\sin\alpha - \alpha\cos\alpha) - \frac{\mu^2}{\sin^3.\alpha}(\sin\alpha - \alpha\cos\alpha)(\sin 2\alpha - 2\alpha);$$

d'où l'on tire en négligeant α^4;

$$[10] \ldots\ldots \alpha' = \alpha - \frac{2}{3}\mu\alpha^2 + \frac{4}{9}\mu^2\alpha^3.$$

L'observation de la diminution des amplitudes offre le moyen le plus propre pour déterminer expérimentalement le coefficient μ de la résistance du fluide.

La première amplitude qui serait 2α, dans le vide devient à-peu-près $2\alpha - \frac{2}{3}\mu\alpha^2$ dans le milieu résistant. Rien n'empêche de nommer perte de la première demi-oscillation l'arc que nous avons représenté plus haut par β; mais alors, l'amplitude de la première demi-oscillation sera $\alpha - 2\mu\sin^2.\frac{1}{2}\alpha$; c'est-à-dire $\alpha - \frac{\mu\alpha^2}{2}$ à-peu-près.

La diminution de l'amplitude totale et celle de la première demi-oscillation sont donc dans le rapport de $\frac{2}{3} : \frac{1}{2} :: 4 : 3$. Ainsi, il ne serait pas exact de dire, comme *Dubuat*, que ces deux diminutions sont à-peu-près $:: 4 : 2$ (Voyez la page 227 du Tome second de ses *Principes d'Hydraulique*).

(43) La combinaison des équations [7] et [8] donne

$$[11] \ldots \left(\frac{d\theta}{dt}\right)^2 = \frac{2g}{L(1+\mu^2)} \left\{ \cos\theta - \mu \sin\theta - (\cos\alpha' - \mu \sin\alpha') e^{\mu(\alpha'-\theta)} \right\};$$

ce qui revient à dire que,

$$[12]\, t\sqrt{\frac{g}{L(1+\mu^2)}} = -\int_{\theta}^{\circ} \frac{d\theta}{\sqrt{2\cos\theta - 2\mu\sin\theta - 2(\cos\alpha' - \mu\sin\alpha')e^{\mu(\alpha'-\theta)}}}.$$

Cela posé, si l'on fait pour plus de simplicité ;

$$F(\alpha, \mu) = -\int_{\theta}^{\circ} \frac{d\theta}{\sqrt{2\cos\theta + 2\mu\sin\theta - 2(\cos\alpha + \mu\sin\alpha)e^{-\mu(\alpha-\theta)}}},$$

il est clair, par la seule inspection des équations [5] et [12], qu'on aura le temps T de la *première* oscillation entière du pendule au moyen de l'équation

$$[13] \ldots T\sqrt{\frac{g}{L(1+\mu^2)}} = F(\alpha, \mu) + F(\alpha', -\mu).$$

Donc, en imaginant développée suivant les puissances de μ la fonction $F(\alpha, \mu)$, de manière qu'on ait

$$F(\alpha, \mu) = F(\alpha) + \mu\psi_1(\alpha) + \frac{\mu^2}{2}\psi_2(\alpha) + \frac{\mu^3}{2.3}\psi_3(\alpha) + \text{etc.},$$

il viendra

$$[14] \ldots\; T\sqrt{\frac{g}{L(1+\mu^2)}}=F(\alpha)+F(\alpha')+\mu\left\{\psi_1(\alpha)-\psi_1(\alpha')\right\}$$
$$+\frac{\mu^2}{2}\left\{\psi_2(\alpha)+\psi_2(\alpha')\right\}$$
$$+\frac{\mu^3}{2.3}\left\{\psi_3(\alpha)-\psi_3(\alpha')\right\}$$
$$+\text{etc.}$$

Mais, il est visible par l'équation [9] que, l'amplitude α' diffère de α par une quantité multipliée par μ: de sorte que, on peut faire, en général, $\alpha'=\alpha-2\mu f(\alpha,\mu)$, et regarder la différence

$$\mu\left\{\psi_1(\alpha)-\psi_1(\alpha')\right\}$$

comme une quantité de l'ordre de μ^2. Donc, en négligeant le carré du coefficient μ de la résistance, on peut réduire l'équation [14] à celle-ci;

$$[15] \ldots\ldots\; T\sqrt{\frac{g}{L}}=F(\alpha)+F(\alpha').$$

Mais,

$$F(\alpha)=-\int_{\alpha}^{0}\frac{d\theta}{\sqrt{2\cos\theta-2\cos\alpha}}=-\int_{\alpha}^{0}\frac{\frac{1}{2}\,d\theta}{\sqrt{\sin^2.\frac{1}{2}\alpha-\sin^2.\frac{1}{2}\theta}},$$

partant nous avons

$$[16] \ldots\; T\sqrt{\frac{g}{L}}=\int_{0}^{\alpha}\frac{\frac{1}{2}\,d\theta}{\sqrt{\sin^2.\frac{1}{2}\alpha-\sin^2.\frac{1}{2}\theta}}+\int_{0}^{\alpha'}\frac{\frac{1}{2}\,d\theta}{\sqrt{\sin^2.\frac{1}{2}\alpha'-\sin^2.\frac{1}{2}\theta}}.$$

Cela posé, si l'on fait

$$\sin\frac{1}{2}\theta = \sin\frac{1}{2}\alpha \, . \, \sin\varphi = c \, . \, \sin\varphi \, ,$$

$$\sin\frac{1}{2}\theta = \sin\frac{1}{2}\alpha' . \, \sin\varphi = c' . \, \sin\varphi \, ,$$

on pourra écrire

$$[17] \ldots \quad T\sqrt{\frac{g}{L}} = \int_0^{\frac{\pi}{2}} \frac{d\varphi}{\sqrt{1 - c^2 \sin^2\varphi}} + \int_0^{\frac{\pi}{2}} \frac{d\varphi}{\sqrt{1 - c'^2 \sin^2\varphi}} = F^1(c) + F^1(c');$$

où (conformément à la notation de *Legendre*) $F^1(c)$ désigne l'intégrale définie

$$\int_0^{\frac{\pi}{2}} \frac{d\varphi}{\sqrt{1 - c^2 \sin^2\varphi}} \, .$$

Maintenant, si l'on fait $c' = c - \cos\frac{1}{2}\alpha . \mu f(\alpha)$, l'équation précédente, en négligeant les termes multipliés par μ^2, donnera

$$T\sqrt{\frac{g}{L}} = 2F^1(c) - \mu\cos\frac{1}{2}\alpha . f(\alpha) . \frac{dF^1(c)}{dc} \, .$$

Or, en faisant $1 - c^2 = b^2$, et

$$E^1(c) = \int_0^{\frac{\pi}{2}} d\varphi \sqrt{1 - c^2 \sin^2\varphi} \, ,$$

on a comme on sait,

$$\frac{d.F^1(c)}{dc} = \frac{1}{cb^2} . E^1(c) - \frac{1}{c} . F^1(c) \, ;$$

partant

$$T\sqrt{\frac{g}{L}} = \left\{ 2 + \mu\frac{b}{c}f(\alpha) \right\} F^1(c) - \frac{\mu f(\alpha)}{cb} E^1(c) :$$

mais $f(\alpha)=1-\alpha.\cot\alpha$; donc en substituant cette valeur il viendra

$$[18] \ldots T\sqrt{\frac{g}{L}}=2F^1(c)+\frac{2\mu(\sin\alpha-\alpha\cos\alpha)}{\sin^2\alpha}\Big\{(1-c^2)F^1(c)-E^1(c)\Big\}.$$

En général, il suffira de faire dans le terme multiplié par μ;

$$F^1(c)=\frac{\pi}{2}\left(1+\frac{c^2}{4}\right); \qquad E^1(c)=\frac{\pi}{2}\left(1-\frac{c^2}{4}\right);$$

ce qui donne

$$(1-c^2)F^1(c)-E^1(c)=-\frac{\pi}{4}c^2=-\frac{\pi}{4}\sin^2.\frac{1}{2}\alpha;$$

$$T\sqrt{\frac{g}{L}}=2F^1(c)-\frac{\pi.\mu(\sin\alpha-\alpha\cos\alpha)}{8.\cos^2.\frac{1}{2}\alpha}.$$

En développant les *sinus* et *cosinus* et retenant seulement le premier terme, il viendra

$$[19] \ldots T\sqrt{\frac{g}{L}}=2F^1(c)-\frac{\mu.\pi\alpha^3}{24}.$$

Si l'on fait ici

$$F^1(c)=\frac{\pi}{2}\Big\{1+\frac{1}{4}\sin^2.\frac{1}{2}\alpha\Big\}=\frac{\pi}{2}\left(1+\frac{\alpha^2}{16}\right),$$

on a

$$[20] \ldots T\sqrt{\frac{g}{L}}=\pi\Big\{1+\frac{\alpha^2}{16}-\frac{\mu\alpha^3}{24}\Big\}.$$

Dans les expériences faites avec le pendule pour déterminer l'intensité de la gravité, on peut, sans erreur sensible, négliger le terme multiplié par $\frac{\mu\alpha^3}{24}$; mais, mathématiquement parlant, l'existence de ce terme est incontestable, et son signe *négatif* parait paradoxal, si on ne fait pas attention que, la résistance de l'air place le *maximum* de la vîtesse du pendule à un point de son oscillation qui précède celui de son passage par la verticale.

(44) L'expression du temps T étant ramenée par l'équation [19] à une transcendante elliptique complète de première espèce, il ne serait pas difficile d'appliquer ici différens théorêmes connus sur ces transcendantes. Pour comparer les temps T et T_1 des oscillations de deux pendules égaux dont les distances initiales (du même côté de la verticale) seraient égales et opposées, on aurait les deux équations

$$T\sqrt{\frac{g}{L}}=2F^1(c)-\frac{\pi.\mu\alpha^3}{24}; \qquad T_1\sqrt{\frac{g}{L}}=2F^1(b)-\frac{\pi\mu(\pi-\alpha)^3}{24},$$

dans lesquelles

$$c=\sin.\frac{1}{2}\alpha; \qquad b=\sin.\left(\frac{\pi-\alpha}{2}\right)=\cos.\frac{\alpha}{2}.$$

La petitesse du terme multiplié par μ permet de négliger la résistance de l'air, et alors on a;

$$\frac{T_1}{T}=\frac{F^1(b)}{F^1(c)}.$$

Legendre à découvert plusieurs belles propriétés du rapport de ces deux quantités transcendantes qu'on peut lire dans son *Traité des Fonctions elliptiques*: on a, par exemple, en prenant

$$c=\frac{1}{2}\sqrt{2-\sqrt{3}}=\sin.15^\circ \ldots\ldots\ldots\ldots \frac{T_1}{T}=\sqrt{3};$$

$$c=\sqrt{2}-1=\sin(24^\circ.28'.12'') \ldots\ldots\ldots \frac{T_1}{T}=\sqrt{2};$$

$$c=\frac{\sqrt{2}-\sqrt{3}}{1+\sqrt{3}}=\sin(5^\circ.56'.10'') \ldots\ldots\ldots \frac{T_1}{T}=3;$$

comme on peut le voir dans les pages 60, 197, et 194 du premier volume de cet ouvrage.

On peut aussi remarquer que, le temps T augmente avec l'angle α ; et que la limite de cette augmentation est un infini logarithmique. En effet ; la quantité $c = \sin \frac{1}{2}\alpha$, en devenant fort approchante de l'unité on a, comme on sait,

$$F'(c) = \text{Log. hyp.}\left(\frac{4}{b}\right) + \frac{1^2}{2^2} \cdot b^2 \left\{\text{Log. hyp.}\left(\frac{4}{b}\right) - 1\right\}$$
$$+ \frac{1^2 \cdot 3^2}{2^2 \cdot 4^2} \cdot b^4 \left\{\text{Log. hyp.}\left(\frac{4}{b}\right) - 1 - \frac{2}{3 \cdot 4}\right\}$$
$$+ \text{etc.}$$

(45) Par la méthode que je viens d'exposer on obtient le temps en fonction explicite de l'arc circulaire, et non l'arc en fonction explicite du temps. M.r *Poisson* a envisagé la question sous ce dernier point de vue dans le premier volume de sa Mécanique. Mais en supposant, comme M.r *Poisson*,

$$\theta = \alpha\theta_1 + \alpha^2\theta_2 + \alpha^3\theta_3 + \alpha^4\theta_4 + \text{etc.} :$$

après avoir trouvé

$$\theta_1 = \cos . t\sqrt{\frac{g}{L}},$$

et

$$\theta_2 = \frac{\mu \alpha^2}{4} + \left(\alpha - \frac{\mu \alpha^2}{3}\right)\cos . t\sqrt{\frac{g}{L}} + \frac{\mu \alpha^2}{12}\cos . 2t\sqrt{\frac{g}{L}},$$

on aurait, pour déterminer θ_3 et θ_4 (en négligeant le carré de μ) les équations

$$\frac{d^2\theta_3}{dt^2} + \frac{g}{L}\theta_3 = \frac{g}{6.L}\cos^3 . t\sqrt{\frac{g}{L}};$$

$$\frac{d^2\theta_4}{dt^2} + \frac{g}{L}\theta_4 = \frac{g\theta_2}{2L}\cos^2 . t\sqrt{\frac{g}{L}} - \mu\frac{d\theta_3}{dt}\sqrt{\frac{g}{L}} . \sin t\sqrt{\frac{g}{L}};$$

lesquelles ont l'inconvénient de fournir pour θ_3 et θ_4 des expressions qui renferment le temps *hors des signes périodiques*. Cette circonstance exigerait d'entrer dans d'autres développemens, que M.r *Poisson* n'a pas donnés, si l'on voulait mettre à l'abri de toute objection la conséquence principale; que la durée d'une oscillation entière n'est pas modifiée par la résistance de l'air, en négligeant la correction relative à la grandeur des amplitudes.

(46) Il y a des Auteurs, qui, pour éviter les difficultés d'analyse que présente le mouvement oscillatoire dans le cercle, ont d'abord exposé la théorie du mouvement analogue d'un point matériel dans la cycloïde: ensuite ils en ont adapté les conséquences au cercle, en supposant toutefois les oscillations fort petites. Mais le temps de l'oscillation ainsi conclu pour le cercle a un vice radical: il porte à croire que, le premier terme dû à la résistance du milieu est de l'ordre du carré du coefficient μ, tandis que, nous venons de démontrer que, ce premier terme est, pour le cercle, de l'ordre de la première puissance seulement par rapport à ce coefficient. Pour mieux fixer les idées sur ce point, je vais exposer ici l'analyse du mouvement oscillatoire dans la cycloïde.

Imaginons un point matériel pesant qui oscille dans une cycloïde renversée. Si s' désigne l'arc initial de la cycloïde compté depuis la verticale; $s'-s$ sera l'espace parcouru dans le temps t. En nommant x l'abscisse de l'arc s comptée depuis le sommet de la cycloïde; $g\frac{dx}{ds}$ sera la composante de la gravité, tangente à la cycloïde. Donc, l'équation différentielle de ce mouvement, en supposant la résistance de l'air proportionnelle au carré de la vîtesse et exprimée par $\frac{g}{k^2}\left(\frac{ds}{dt}\right)^2$, sera

$$-\frac{d^2s}{dt^2}=g\frac{dx}{ds}-\frac{g}{k^2}\left(\frac{ds}{dt}\right)^2.$$

Or on sait que, $s^2=2ax$ (a étant le double du diamètre du cercle générateur de la cycloïde); partant, si l'on fait $\frac{g}{k^2}=\frac{\mu}{2}$, on a l'équation

$$[21] \ldots\ldots \frac{d^2s}{dt^2}+\frac{g}{a}s=\frac{1}{2}\mu\left(\frac{ds}{dt}\right)^2,$$

qui, par sa forme, diffère de l'équation [1] relative au cercle: il est vrai qu'on les fait rentrer l'une dans l'autre en négligeant le cube de l'arc θ; mais, alors on ne découvre rien de ce qui constitue la véritable différence analytique entre ces deux mouvemens. Soit $\left(\frac{ds}{dt}\right)^2=y$; l'équation précédente deviendra linéaire, et son intégrale complète sera

$$y=C.e^{\mu s}+\frac{2g(1+\mu s)}{a\mu^2}.$$

En déterminant la constante arbitraire C, d'après la condition que, $s=s'$ et $y=0$ à l'origine du mouvement, il viendra

$$[22] \ldots \left(\frac{ds}{dt}\right)^2=\frac{2g}{a\mu^2}\left\{1+\mu s-(1+\mu s')e^{-\mu(s'-s)}\right\};$$

d'où l'on tire

$$[23] \ldots t\sqrt{\frac{g}{a}}=-\int_{s'}^{s}\frac{\mu ds}{\sqrt{2(1+\mu s)-2(1+\mu s')e^{-\mu(s'-s)}}}.$$

Cette équation, ainsi écrite, subsiste depuis $s=s'$ jusqu'à $s=0$: après, l'arc s devient négatif; de sorte que en changeant le signe de s on a, du côté opposé de la verticale;

$$[24] \ldots \left(\frac{ds}{dt}\right)^2=\frac{2g}{a\mu^2}\left\{1-\mu s-(1+\mu s')e^{-\mu(s'+s)}\right\}.$$

Soit s'' la valeur de s au moment où le pendule cesse de monter; alors $1-\mu s''-(1+\mu s')e^{-\mu(s'+s'')}=0$, ou bien

$$[25] \ldots \quad (1-\mu s'')e^{\mu s''}=(1+\mu s')e^{-\mu s'}.$$

En résolvant cette équation par une méthode analogue à celle que nous avons employée pour l'équation [8], on trouvera

$$[26] \ldots \quad s''=s'-\frac{2}{3}\mu s'^2+\frac{4}{9}\mu^2 s'^3+\text{etc.}$$

Il est remarquable que, non obstant la différence entre la forme des équations [8] et [25] on ait, en les développant suivant les puissances de l'arc, les mêmes coefficiens numériques à l'égard des trois premiers termes, comme on le voit par le rapprochement des équations [10] et [26].

D'après l'équation [25] on peut écrire ainsi l'équation [24];

$$[27] \ldots \quad \left(\frac{ds}{dt}\right)^2=\frac{2g}{a\mu^2}\left\{1-\mu s-(1-\mu s'')e^{\mu(s''-s)}\right\};$$

d'où l'on tire, depuis $s=0$ jusqu'à $s=s$;

$$[28] \ldots \quad t\sqrt{\frac{g}{a}}=\int_0^s \frac{\mu ds}{\sqrt{2(1-\mu s)-2(1-\mu s'')e^{\mu(s''-s)}}}.$$

Cela posé, si l'on fait

$$F(s',\mu)=\int_0^{s'} \frac{\mu ds}{\sqrt{2(1+\mu s)-2(1+\mu s')e^{-\mu(s'-s)}}},$$

il est clair que, la somme des deux équations [23] et [28] donnera

$$T\sqrt{\frac{g}{a}}=F(s',\mu)+F(s'',-\mu)\ ;$$

où T désigne le temps de l'oscillation entière. Donc, en imaginant développée suivant les puissances de μ la fonction $F(s',\mu)$, et posant

$$F(s',\mu)=F(s')+\mu F_1(s')+\frac{\mu^2}{2}F_2(s')+\frac{\mu^3}{2.3}F_3(s')+\text{etc.}$$

on aura

$$T\sqrt{\frac{g}{a}}=F(s')+F(s'')+\mu\left\{F_1(s')-F_1(s'')\right\}$$
$$+\frac{\mu^2}{2}\left\{F_2(s')+F_2(s'')\right\}$$
$$+\text{etc.}$$

Il est facile de démontrer, que $F(s')=F(s'')=$ *constante*: car, en faisant $\mu=0$ dans l'équation [21] et intégrant, on obtient

$$\left(\frac{ds}{dt}\right)^2=\frac{g}{a}(s'^2-s^2)\ ;$$

d'où l'on tire

$$t\sqrt{\frac{g}{a}}=-\int_{s'}^{s}\frac{ds}{\sqrt{s'^2-s^2}}=\text{arc}.\left(\cos=\frac{s}{s'}\right),$$

et par conséquent

$$F(s')=-\int_{s'}^{0}\frac{ds}{\sqrt{s'^2-s^2}}=\frac{\pi}{2}\ .$$

Il suit de là, que

$$T\sqrt{\frac{g}{a}}=\pi+\mu\left\{F_1(s')-F_1(s'')\right\}+\frac{\mu^2}{2}\left\{F_2(s')+F_2(s'')\right\}+\text{etc.}$$

L'équation [26] donne $s''=s'-\mu q$; partant

$$F_1(s'')=F_1(s')-\mu q\,.\frac{d.F_1(s')}{ds'}+\text{etc.}\ ;$$

donc, dans la cycloïde, la valeur de $T\sqrt{\frac{g}{a}}$ diffère de π par un terme multiplié par le carré du coefficient de la résistance du milieu, tandis que dans le cercle [où l'on n'a pas $F(s'')=F(s')$] cette différence est nécessairement de l'ordre de la première puissance de la résistance.

Voyons maintenant quelles sont les valeurs des deux fonctions $F_1(s')$, $F_2(s')$. En négligeant les termes multipliés par μ^5, on a

$$2(1+\mu s)-2(1+\mu s')e^{-\mu(s'-s)}=\mu^2(s'^2-s^2)-\frac{\mu^3}{2}(s'-s)^2(2s'+s)$$
$$+\frac{\mu^4}{12}(s'-s)^3(3s'+s)\,,$$

de sorte que nous avons

$$F(s',\mu)=\int_0^{s'}\frac{ds}{\sqrt{(s'^2-s^2)-\frac{\mu}{3}(s'-s)^2(2s'+s)+\frac{\mu^2}{12}(s'-s)^3(3s'+s)}}\,.$$

En développant ce radical et négligeant les termes multipliés par μ^3, on aura

$$F(s',\mu)=\int_0^{s'}\frac{ds}{\sqrt{s'^2-s^2}}\left\{1+\frac{\mu}{6}\left(\frac{2s'^2}{s'+s}-s\right)+\frac{\mu^2}{24}\cdot\frac{s'^2(s-s')^2}{(s+s')^2}\right\}.$$

Maintenant, si l'on observe que,

$$(s-s')^2=(s'+s)^2-4s'(s+s')+4s'^2,$$

on tire de là

$$F_1(s')=\frac{1}{6}\int_0^{s'}\frac{ds}{\sqrt{s'^2-s^2}}\left\{\frac{2s'^2}{s+s'}-s\right\};$$

$$F_2(s')=\frac{s'^2}{12}\int_0^{s'}\frac{ds}{\sqrt{s'^2-s^2}}\left\{1-\frac{4s'}{s+s'}+\frac{4s'^2}{(s+s')^2}\right\};$$

mais

$$\int\frac{ds}{(s+s')\sqrt{s'^2-s^2}}=-\frac{1}{s'}\sqrt{\frac{s'-s}{s'+s}};$$

$$\int\frac{ds}{(s+s')^2\sqrt{s'^2-s^2}}=-\frac{(s+2s')}{3s'^2(s+s')}\sqrt{\frac{s'-s}{s'+s}};$$

partant;

$$F_1(s')=\frac{s'}{6};\qquad F_2(s')=-\frac{s'^2}{9}+\frac{\pi}{24}s'^2.$$

En substituant ces valeurs dans l'équation

$$T\sqrt{\frac{g}{a}}=\pi+\frac{2}{3}\mu^2 s'^2\frac{d.F_1(s')}{ds'}+\mu^2F_2(s'),$$

on trouvera

$$[29]\ \ldots\ldots\ T\sqrt{\frac{g}{a}}=\pi+\frac{\mu^2.\pi}{24}s'^2.$$

Le rapprochement de cette équation et de l'équation [20] met en évidence le véritable terme qui est dû à la résistance du milieu dans les petites oscillations circulaires et dans les petites oscillations cycloïdales.

(47) Analytiquement parlant, le mouvement d'un point sur une

cycloïde est tout-à-fait semblable au mouvement oscillatoire d'un filet d'eau dans un siphon, dont les deux branches rectilignes sont réunies par un filet courbe quelconque de même section, où le plan supérieur de l'eau n'arrive jamais dans ses excursions. En adoptant l'hypothèse du parallélisme des tranches, et celle d'une résistance contre les parois proportionnelle au carré de la vîtesse, l'équation différentielle de ce mouvement est,

$$[30] \ldots\ldots \quad \frac{d^2 x}{d^2 t} + \frac{g}{L}(\cos\varphi + \cos\varphi')x = \frac{\mu}{2}\left(\frac{dx}{dt}\right)^2;$$

où φ et φ' sont les inclinaisons des deux branches par rapport à la verticale; L la longueur constante de la colonne fluide, et $\frac{\mu}{2}$ le coefficient de la résistance. La variable x exprime l'excursion du plan supérieur de l'eau au-dessus du plan où la même colonne serait en équilibre. L'équation [30] étant de même forme que l'équation [21] on peut en tirer, *mutatis mutandis*, des conséquences analogues.

On aurait aussi une équation semblable à celle qui détermine le mouvement d'un point sur un arc de cycloïde, s'il était question de déterminer le mouvement de rotation que prend un corps suspendu à un fil élastique tordu, en supposant proportionnelle au carré de la vîtesse la résistance qui anéantit ce mouvement. En effet; on sait que l'équation différentielle de ce mouvement serait de la forme,

$$\frac{d^2\theta}{dt^2} + \frac{\theta.\Pi}{Sr^2dm} = \frac{\mu}{2}\left(\frac{d\theta}{dt}\right)^2;$$

où θ est l'arc de torsion compté depuis l'état naturel d'équilibre; Sr^2dm le moment d'inertie du corps par rapport à l'axe de rotation; et Π la force appliquée à l'unité de distance de l'axe qui maintiendrait le corps en équilibre lorsque l'arc θ serait égal à l'unité.

(48) Reprenons maintenant la théorie des oscillations circulaires pour examiner, en particulier, le temps employé pour achever la première et la seconde demi-oscillation dont la somme compose l'oscillation entière. Pour cela, il faut développer l'intégrale représentée par $F(\alpha, \mu)$ dans le N.° 43. En faisant, pour plus de simplicité;

$$Q = \sin\theta - \sin\alpha . e^{-\mu(\alpha-\theta)} + \frac{\cos\alpha}{\mu}\left(1 - e^{-\mu(\alpha-\theta)}\right),$$

nous avons

$$F(\alpha,\mu) = -\int_{\alpha}^{0} \frac{d\theta}{\sqrt{2\cos\theta - 2\cos\alpha + 2\mu Q}};$$

d'où l'on tire en développant le radical;

$$F(\alpha,\mu) = -\int_{\alpha}^{0} \frac{d\theta}{\sqrt{2\cos\theta - 2\cos\alpha}} + \mu . \int_{\alpha}^{0} \frac{Q\,d\theta}{(2\cos\theta - 2\cos\alpha)^{\frac{3}{2}}}$$

$$- \frac{3}{2}\mu^2 . \int_{\alpha}^{0} \frac{Q^2\,d\theta}{(2\cos\theta - 2\cos\alpha)^{\frac{3}{2}}}$$

$$+ \text{etc.}$$

En négligeant le cube de μ, il suffit de prendre

$$Q = \sin\theta - \sin\alpha + (\alpha-\theta)\cos\alpha + \mu(\alpha-\theta)\left\{\sin\alpha - \frac{1}{2}(\alpha-\theta)\cos\alpha\right\};$$

ce qui donne;

$$[31] \ldots \; F(\alpha,\mu)=F(\alpha)+\mu\int_{\alpha}^{0}\frac{d\theta\left\{\sin\theta-\sin\alpha+(\alpha-\theta)\cos\alpha\right\}}{(2\cos\theta-2\cos\alpha)^{\frac{3}{2}}}$$

$$+\mu^2\int_{\alpha}^{0}\frac{d\theta(\alpha-\theta)\left\{\sin\alpha-\frac{1}{2}(\alpha-\theta)\cos\alpha\right\}}{(2\cos\theta-2\cos\alpha)^{\frac{3}{2}}}$$

$$-\frac{3}{2}\mu^2\int_{\alpha}^{0}\frac{d\theta\left\{\sin\theta-\sin\alpha+(\alpha-\theta)\cos\alpha\right\}^2}{(2\cos\theta-2\cos\alpha)^{\frac{5}{2}}}.$$

Cela posé, pour éviter l'infini dans l'intégration de ces différentielles, nous diviserons par $(\alpha-\theta)^{\frac{3}{2}}$ le numérateur et le dénominateur des deux premières et par $(\alpha-\theta)^{\frac{5}{2}}$ le numérateur et le dénominateur de la troisième. Après cela, si l'on fait $x=\sqrt{\alpha-\theta}$, et

$$X=2\sin\alpha\,.\,\frac{\sin.x^2}{x^2}-x^2\cos\alpha\left(\frac{\sin.\frac{x^2}{2}}{\frac{x^2}{2}}\right)^2;$$

$$X'=\left(1-\frac{\sin.x^2}{x^2}\right)\cos\alpha-\frac{x^2}{2}\sin\alpha\left(\frac{\sin.\frac{x^2}{2}}{\frac{x^2}{2}}\right)^2;$$

$$X''=2\sin\alpha-x^2.\cos\alpha\,;$$

on aura

$$[32] \ldots F(\alpha,\mu)=F(\alpha)-2\mu\int_{0}^{\sqrt{\alpha}}\frac{X'dx}{X^{\frac{3}{2}}}-\mu^2\int_{0}^{\sqrt{\alpha}}\frac{X''dx}{X^{\frac{3}{2}}}+\frac{3}{2}\mu^2\int_{0}^{\sqrt{\alpha}}\frac{X'^2dx}{X^{\frac{5}{2}}}.$$

La petitesse du facteur μ qui multiplie ces intégrales permet de les évaluer en négligeant les termes qui seraient multipliés par x^8: alors, il suffit de prendre

$$X = X'' - \frac{1}{3}x^4 \sin\alpha + \frac{1}{12}x^6 \cos\alpha\,;$$

$$X' = -\frac{1}{2}x^2 \sin\alpha + \frac{1}{6}x^4 \cos\alpha + \frac{1}{24}x^6 \sin\alpha\,;$$

$$\frac{X''}{X^{\frac{3}{2}}} = \frac{1}{\sqrt{X''}} + \frac{x^4 \sin\alpha}{2X''^{\frac{3}{2}}} - \frac{x^6\cos\alpha}{8X''^{\frac{3}{2}}}.$$

De sorte que, nous avons

$$[33]\ldots F(\alpha,\mu) = F(\alpha) - \frac{\mu}{3}\int_0^{\sqrt{\alpha}} \frac{dx\left(-3x^2\sin\alpha + x^4\cos\alpha + \frac{1}{4}x^6\sin\alpha\right)}{(2\sin\alpha - x^2\cos\alpha)^{\frac{3}{2}}}$$

$$+\frac{\mu\sin^2\alpha}{2}\int_0^{\sqrt{\alpha}} \frac{x^6\,dx}{(2\sin\alpha - x^2\cos\alpha)^{\frac{5}{2}}}$$

$$-\mu^2\int_0^{\sqrt{\alpha}} \frac{dx}{(2\sin\alpha - x^2\cos\alpha)^{\frac{1}{2}}}$$

$$+\mu^2\int_0^{\sqrt{\alpha}} \frac{dx\left(\frac{1}{2}x^4\sin\alpha + \frac{1}{8}x^6\cos\alpha\right)}{(2\sin\alpha - x^2\cos\alpha)^{\frac{3}{2}}}$$

$$+\mu^2\int^{\sqrt{\alpha}} \frac{dx\left(\frac{3}{8}x^4.\sin^2.\alpha - \frac{1}{4}x^6\sin\alpha.\cos\alpha\right)}{(2\sin\alpha - x^2\cos\alpha)^{\frac{5}{2}}}.$$

Maintenant, si l'on applique au second membre de cette équation les formules générales ;

$$\int \frac{x^2 dx}{(a+bx^2)^{\frac{3}{2}}} = -\frac{x}{b}(a+bx^2)^{-\frac{1}{2}} + \frac{1}{b}\int \frac{dx}{\sqrt{a+bx^2}} ;$$

$$\int \frac{x^4 dx}{(a+bx^2)^{\frac{3}{2}}} = \left(\frac{3ax}{2b^2} + \frac{x^3}{2b}\right)\left(a+bx^2\right)^{-\frac{1}{2}} - \frac{3a}{2b^2}\int \frac{dx}{\sqrt{a+bx^2}} ;$$

$$\int \frac{x^6 dx}{(a+bx^2)^{\frac{3}{2}}} = -\left(\frac{15}{8}\frac{a^2 x}{b^3} + \frac{5}{8}\frac{ax^3}{b^2} - \frac{x^5}{4b}\right)(a+bx^2)^{-\frac{1}{2}}$$

$$+ \frac{15}{8}\frac{a^2}{b^3}\int \frac{dx}{\sqrt{a+bx^2}} ;$$

$$\int \frac{x^4 dx}{(a+bx^2)^{\frac{5}{2}}} = -\left(\frac{ax}{b^2} + \frac{4x^3}{3b}\right)(a+bx^2)^{-\frac{3}{2}} + \frac{1}{b^2}\int \frac{dx}{\sqrt{a+bx^2}} ;$$

$$\int \frac{x^6 dx}{(a+bx^2)^{\frac{5}{2}}} = \left(\frac{5}{2}\frac{a^2 x}{b^3} + \frac{10}{3}\frac{ax^3}{b^2} + \frac{x^5}{2b}\right)(a+bx^2)^{-\frac{3}{2}} - \frac{5a}{2b^3}\int \frac{dx}{\sqrt{a+bx^2}} ;$$

on trouvera d'abord

$$F(\alpha,\mu)=F(\alpha)-\left\{\frac{25}{b^4}\frac{\mu a^3}{b^3}+\mu^2\left(1+\frac{7}{8}\frac{a^2}{b^2}\right)\right\}\int_0^{\sqrt{\alpha}}\frac{dx}{\sqrt{a+bx^2}}$$

$$+\mu\left\{\frac{5}{64}\frac{a^3x}{b^3}+\left(\frac{1}{6}+\frac{5}{192}\cdot\frac{a^2}{b^2}\right)x^3-\frac{ax^5}{96.b}\right\}(a+bx^2)^{-\frac{1}{2}}$$

$$+\mu\left\{\frac{5}{16}\frac{a^4x}{b^3}+\frac{5}{12}\frac{a^3x^3}{b^2}+\frac{a^2x^5}{16.b}\right\}(a+bx^2)^{-\frac{3}{2}}$$

$$+\mu^2\left\{\frac{39}{64}\frac{a^2x}{b^2}+\frac{13}{64}\cdot\frac{ax^3}{b}-\frac{x^5}{32}\right\}(a+bx^2)^{-\frac{1}{2}}$$

$$+\mu^2\left\{\frac{7}{32}\cdot\frac{a^3x}{b^2}+\frac{7}{24}\frac{a^2x^3}{b}+\frac{ax^5}{16}\right\}(a+bx^2)^{-\frac{3}{2}}\ .$$

En faisant dans cette expression $\frac{a}{b}=-2\,\text{tang}\,\alpha$; $x=\sqrt{\alpha}$, et observant que,

$$\int_0^{\sqrt{\alpha}}\frac{dx}{\sqrt{a+bx^2}}=\frac{1}{\sqrt{\cos\alpha}}\,\text{arc}\left\{\sin=\sqrt{\frac{\alpha\cos\alpha}{2\sin\alpha}}\right\},$$

on obtiendra

[34] ..... $F(\alpha,\mu)=F(\alpha)$

$$+\frac{1}{\sqrt{\cos\alpha}}\left\{\frac{25}{8}\mu\,\text{tang}^3.\alpha-\mu^2\left(1+\frac{7}{8}\text{tang}^2\alpha\right)\right\}\,\text{arc}.\left\{\sin=\sqrt{\frac{\alpha\cos\alpha}{2\sin\alpha}}\right\}$$

$$+\frac{\mu\sqrt{\alpha}}{\sqrt{2\sin\alpha-\alpha\cos\alpha}}\left\{\alpha\left(\frac{1}{6}+\frac{5}{48}\text{tang}^2.\alpha\right)+\frac{\alpha^2\text{tang}.\alpha}{48}-\frac{5\,\text{tang}^3.\alpha}{8}\right\},$$

$$+\frac{\mu\sqrt{\alpha}.\sin\alpha}{(2\sin\alpha-\alpha\cos\alpha)^{\frac{3}{2}}}\left\{-5\,\text{tang}^3\alpha+\frac{10}{3}\alpha\,\text{tang}^2.\alpha-\frac{\alpha^2}{4}\text{tang}.\alpha\right\}$$

$$+\frac{\mu^2\sqrt{\alpha}}{\sqrt{2\sin\alpha-\alpha\cos\alpha}}\left\{\frac{39}{16}\,\text{tang}^3.\,\alpha-\frac{13}{32}\,\alpha\,\text{tang}\,\alpha-\frac{\alpha^2}{32}\right\}$$

$$+\frac{\mu^2\sqrt{\alpha}\sin\alpha}{(2\sin\alpha-\alpha\cos\alpha)^{\frac{3}{2}}}\left\{\frac{7}{4}\,\text{tang}^2.\,\alpha-\frac{7}{6}\,\alpha\,\text{tang}\,\alpha+\frac{1}{8}\,\alpha^2\right\}.$$

En développant les lignes trigonométriques et retenant seulement les termes multipliés par $\mu\alpha$ et $\mu^2\alpha^2$, il suffira de prendre

$$\text{arc.sin}\left(=\sqrt{\frac{\alpha\cos\alpha}{2\sin\alpha}}\right)=\text{arc}\left(\sin=\frac{1}{\sqrt{2}}-\frac{\alpha^2}{6\sqrt{2}}\right)=\frac{\pi}{4}-\frac{\alpha^2}{6};$$

$$F(\alpha,\mu)=F(\alpha)+\frac{\mu\alpha}{6}-\mu^2\left(1+\frac{7}{8}\alpha^2\right)\left(1+\frac{\alpha^2}{4}\right)\left(\frac{\pi}{4}-\frac{\alpha^2}{6}\right)$$

$$+\mu^2\left(\frac{39}{16}-\frac{13}{32}-\frac{1}{32}+\frac{7}{4}-\frac{7}{6}+\frac{1}{8}\right);$$

d'où l'on tire

[35] ... $F(\alpha,\mu)=F(\alpha)+\frac{\mu\alpha}{6}-\frac{\pi}{4}\mu^2\left\{1+\left(\frac{9}{8}-\frac{44}{3\pi}\right)\alpha^2\right\}.$

En multipliant le second membre de cette équation par

$$\sqrt{1+\mu^2}=1+\frac{1}{2}\mu^2,$$

et nommant T' le temps de la première demi-oscillation descendante, nous aurons en vertu de l'équation [7];

$$T'=\frac{\pi}{2}\sqrt{\frac{L}{g}}\left\{\frac{2}{\pi}\left(1+\frac{1}{2}\mu^2\right)F(\alpha)+\frac{\mu\alpha}{3\pi}-\frac{\mu^2}{2}\left[1+\left(\frac{9}{8}-\frac{44}{3\pi}\right)\alpha^2\right]\right\},$$

ou bien

$$T'=\frac{\pi}{2}\sqrt{\frac{L}{g}}\left\{\frac{2}{\pi}F(\alpha)+\frac{\mu\alpha}{3\pi}+\frac{\mu^2}{2}\left[\frac{2}{\pi}F(\alpha)-1+\left(\frac{44}{3\pi}-\frac{9}{8}\right)\alpha^2\right]\right\}.$$

Dans le coefficient de μ^2, il suffit de faire $F(\alpha)=\frac{\pi}{2}\left(1+\frac{\alpha^2}{16}\right)$, et alors on a

$$[36] \ldots T'=\frac{\pi}{2}\sqrt{\frac{L}{g}}\left\{\frac{2}{\pi}F(\alpha)+\frac{\mu\alpha}{3\pi}+\mu^2\alpha^2\left(\frac{22}{3\pi}-\frac{17}{32}\right)\right\}.$$

Maintenant, si l'on fait $\pi=\frac{22}{7}$ dans le coefficient de $\mu^2\alpha^2$, il viendra

$$[37] \ldots T'=\frac{\pi}{2}\sqrt{\frac{L}{g}}\left\{\frac{2}{\pi}F(\alpha)+\frac{\mu\alpha}{3\pi}+\frac{127}{672}\cdot\mu^2\alpha^2\right\}.$$

En changeant dans cette expression le signe de μ et écrivant α' au lieu de α on aura (conformément à l'équation [14]) pour le temps T'' de la première demi-oscillation ascendante;

$$[38] \ldots T''=\frac{\pi}{2}\sqrt{\frac{L}{g}}\left\{\frac{2}{\pi}F(\alpha')-\frac{\mu\alpha'}{3\pi}+\frac{127}{672}\mu^2\alpha'^2\right\}.$$

La somme $T'+T''$ exprime le temps T de la première oscillation entière; partant nous avons

$$T=\frac{\pi}{2}\sqrt{\frac{L}{g}}\left\{\frac{2}{\pi}\left[F(\alpha)+F(\alpha')\right]+\frac{\mu}{3\pi}(\alpha-\alpha')+\frac{127}{672}\mu^2(\alpha^2+\alpha'^2)\right\}.$$

D'après l'équation [12], on peut faire $\alpha-\alpha'=\frac{2}{3}\mu\alpha^2$, $\alpha'^2=\alpha^2$, et alors on a

$$T=\frac{\pi}{2}\sqrt{\frac{L}{g}}\left\{\frac{2}{\pi}\left[F(\alpha)+F(\alpha')\right]+\frac{4975}{11088}\cdot\alpha^2\mu^2\right\},$$

où

$$\frac{4975}{11088}=\frac{2}{9\pi}+\frac{127}{336}=\frac{14}{9\cdot 22}+\frac{127}{336}.$$

On a vu dans le N.° 33 que, $F(\alpha)+F(\alpha')=F'(c)+F'(c')$: donc, en substituant cette valeur il viendra

$$[39] \ldots \quad T=\frac{\pi}{2}\sqrt{\frac{L}{g}}\left\{\frac{2}{\pi}\left[F'(c)+F'(c')\right]+\frac{4975}{11088}\mu^2\alpha^2\right\}.$$

Dans le cas des petites oscillations, il suffit de prendre

$$F'(c)+F'(c')=\frac{\pi}{2}\left(2+\frac{\alpha^2}{16}+\frac{\alpha'^2}{16}\right):$$

on peut même faire $\alpha'^2=\alpha^2-\frac{4}{3}\mu\alpha^3$, et alors on a

$$[40] \ldots \quad T=\pi\sqrt{\frac{L}{g}}\left\{1+\frac{\alpha^2}{16}-\frac{\mu\alpha^3}{24}+\frac{4975}{22176}\mu^2\alpha^2\right\}.$$

Cette formule offre le terme multiplié par μ^2, dont on n'avait pas tenu compte dans le développement exécuté pour parvenir à l'équation [20].

On peut observer que, le rapprochement des formules [29] et [40] démontre que, dans le mouvement cycloïdal, le coefficient numérique correspondant à $\frac{4975}{22176}$ est égal à $\frac{1}{24}$: de sorte que, le coefficient rélatif au mouvement circulaire est à celui du mouvement cycloïdal comme 23 à 24, à peu près.

(49) La complication de ces calculs tient à ce que nous avons voulu retenir les termes multipliés par μ^2, et faire voir que, cette analyse est applicable quelle que soit l'amplitude initiale α. Mais si, on veut négliger les termes multipliés par μ^2 et traiter d'abord le cas des oscillations fort petites, il est plutôt fait de s'en tenir à la formule [5] et d'y négliger les termes multipliés par les quatrièmes puissances des arcs α et θ. Alors on a

$$t\sqrt{\frac{g}{L}} = -\int \frac{d\theta}{\sqrt{(\alpha-\theta)\left\{\alpha - \frac{2}{3}\mu\alpha^2 + \theta\left(1+\frac{\mu\alpha}{3}\right) + \frac{\mu}{3}\theta^2\right\}}}$$

$$= \int \frac{2\,dx}{\sqrt{2\alpha - x^2 - \mu\left(\frac{1}{3}x^4 - \alpha x^2\right)}}$$

$$= 2\int \frac{dx}{\sqrt{2\alpha - x^2}} - \mu \int \frac{dx\left(\frac{1}{3}x^4 - \alpha x^2\right)}{(2\alpha - x^2)^{\frac{3}{2}}} \quad ;$$

d'où l'on tire, en exécutant les intégrations indiquées,

$$[41] \ldots \quad t\sqrt{\frac{g}{L}} = 2\int \frac{dx}{\sqrt{2\alpha - x^2}} + \frac{\mu}{6}\cdot\frac{x^3}{\sqrt{2\alpha - x^2}}$$

$$= 2\,\text{arc.}\left(\sin = \sqrt{\frac{\alpha-\theta}{2\alpha}}\right) + \frac{\mu}{6}\frac{(\alpha-\theta)^{\frac{3}{2}}}{\sqrt{\alpha+\theta}}.$$

Cette formule devient nulle lorsque $\theta=\alpha$; ainsi elle a lieu depuis le commencement de la première demi-oscillation jusqu'à $\theta=\alpha$.

En traitant de même la formule [14], on trouvera depuis $\theta=0$ jusqu'à $\theta=\alpha'$;

$$[42] \ldots \quad t\sqrt{\frac{g}{L}} = 2\,\text{arc}\left(\sin = \frac{1}{\sqrt{2}}\right) - 2\,\text{arc.}\left(\sin = \sqrt{\frac{\alpha'-\theta}{2\alpha'}}\right)$$

$$- \frac{\alpha'\mu}{6}\left\{1 - \frac{(\alpha'-\theta)^{\frac{3}{2}}}{\alpha'\sqrt{\alpha'+\theta}}\right\}$$

$$= \frac{\pi}{2} - \frac{\mu\alpha'}{6}\left\{1 - \frac{(\alpha'-\theta)^{\frac{3}{2}}}{\alpha'\sqrt{\alpha'+\theta}}\right\} - 2\,\text{arc.}\left(\sin = \sqrt{\frac{\alpha'-\theta}{2\alpha'}}\right).$$

(50) Je reprends maintenant la formule [3] et je détermine la constante C en supposant que, le pendule ait reçu une vîtesse initiale désignée par V: de sorte que, on a en même temps $\theta=\alpha$, $y=\frac{V^2}{L}$, et par conséquent

$$C=\frac{V^2}{L^2}\cdot e^{-\mu\alpha}-\frac{2g(\cos\alpha+\mu\sin\alpha)e^{-\mu\alpha}}{L(1+\mu^2)}.$$

Donc, au lieu des équations [4] et [5] on a dans le cas actuel celle-ci ;

$$[43]\ \ldots\ \left(\frac{d\theta}{dt}\right)^2=$$

$$\frac{2g}{L(1+\mu^2)}\left\{(\cos\theta+\mu\sin\theta)+\left[\frac{V^2(1+\mu^2)}{2gL}-(\cos\alpha+\mu\sin\alpha)\right]e^{-\mu(\alpha-\theta)}\right\};$$

$$[44]\ \ldots\ t\sqrt{\frac{g}{L(1+\mu^2)}}=$$

$$-\int_\alpha^\theta\frac{d\theta}{\sqrt{2\cos\theta+2\mu\sin\theta+2\left[\frac{V^2(1+\mu^2)}{2gL}-(\cos\alpha+\mu\sin\alpha)\right]e^{-\mu(\alpha-\theta)}}}.$$

Pour appliquer la formule [43] aux expériences par lesquelles on détermine la vîtesse des boulets de canon suivant la méthode de *Robins*, il faudra faire $\alpha=0$ et changer le signe de θ; alors on a

$$\left(\frac{d\theta}{dt}\right)^2=\frac{V^2}{L^2}\,e^{-\mu\theta}+\frac{2g}{L(1+\mu^2)}\left\{\cos\theta-\mu\sin\theta-e^{-\mu\theta}\right\}.$$

Au moment où le pendule cesse de monter, on a $\frac{d\theta}{dt}=0$ et $\theta=\beta$; β étant l'amplitude mesurée; partant

$$\frac{V^2}{L^2}=\frac{2g}{L(1+\mu^2)}-\frac{2g}{L(1+\mu^2)}\left\{\cos\beta-\mu\sin\beta\right\}e^{\mu\beta}.$$

Or, en nommant M'' la masse du boulet; v sa vîtesse; f la distance du point de percussion à l'axe de rotation; a' la distance du centre de gravité du pendule à l'axe de rotation, et M''' sa masse, avant l'enfoncement du boulet, on a

$$\frac{V}{L}=\frac{M''.vf}{(M''+M''')a'L}.$$

Donc, en substituant cette valeur dans l'équation précédente, il viendra;

$$v=\frac{M''+M'''}{M''}\cdot\frac{a'}{f}\sqrt{\frac{2gL}{1+\mu^2}}\cdot\sqrt{1-(\cos\beta-\mu\sin\beta)\,e^{\mu\beta}}.$$

En négligeant le carré de μ, on a

$$1-(\cos\beta-\mu\sin\beta)e^{\mu\beta}=1-\cos\beta+\mu(\sin\beta-\beta\cos\beta);$$

$$\sqrt{1-(\cos\beta-\mu\sin\beta)e^{\mu\beta}}=\sqrt{1-\cos\beta}.\left\{1+\frac{\mu}{2}\frac{(\sin\beta-\beta\cos\beta)}{1-\cos\beta}\right\};$$

et par conséquent;

$$v=\frac{M''+M'''}{M''}\cdot\frac{a'}{f}\sqrt{2gL}\cdot\sqrt{1-\cos\beta}\left\{1+\frac{\mu}{2}\frac{(\sin\beta-\beta\cos\beta)}{1-\cos\beta}\right\}.$$

Soit b la corde de l'arc β rapportée à un rayon égal à r; on aura

$$\sqrt{1-\cos\beta}=\frac{b}{r\sqrt{2}};$$

partant

$$v=\frac{M''+M'''}{M''}\cdot\frac{a'b}{rf}\cdot\sqrt{gL}\left\{1+\frac{\mu}{2}\frac{(\sin\beta-\beta\cos\beta)}{1-\cos\beta}\right\}.$$

En développant $\sin\beta$ et $\cos\beta$ et bornant l'approximation au seul premier terme, on a

$$\frac{\sin\beta-\beta\cos\beta}{1-\cos\beta}=\frac{\beta-\frac{\beta^3}{6}-\beta+\frac{\beta^3}{2}}{\frac{1}{2}\beta^2}=\frac{2}{3}\beta=\frac{2}{3}\cdot\frac{b}{r};$$

partant

$$[45]\ \ldots\ v=\frac{M''+M'''}{M''}\cdot\frac{a'b}{rf}\sqrt{gL}\left(1+\frac{\mu b}{3r}\right).$$

Il est facile de transformer cette formule dans une autre, capable de fournir immédiatement la vîtesse v_n, qui aura lieu après le n.ième coup tiré contre le pendule.

Pour cela, désignons par M_1'', M_2'', M_3'', ... M_n'' les masses successives des boulets qui ont pénétré le bloc constituant le pendule. Si M''' désigne la masse du bloc avant le commencement des expériences et M_n''' ce que devient cette masse après le n.ième coup, nous avons, en vertu de la formule précédente,

$$v_n=\frac{M_n'''}{M_n''}\cdot\frac{a_n b_n}{rf_n}\sqrt{gL_n}\left(1+\frac{\mu}{3r}b_n\right);$$

L_n étant la distance actuelle du centre d'oscillation à l'axe de rotation. Mais nous avons;

$$M_n'''a_n=M'''a'+M_1''f_1+M_2''f_2\ldots+M_n''f_n;$$

$$L_n=\frac{\int\rho^2 dM'''+M_1''f_1^2+M_2''f_2^2\ldots+M_n''f_n^2}{M_n'''a_n};$$

$$\int\rho^2 dM'''=M'''a'L;$$

donc;

$$[46]\ldots v_n=\left(1+\frac{\mu b_n}{3r}\right)\frac{b_n\sqrt{g}}{rf_nM_n''}\sqrt{\begin{matrix}(M'''a'+M_1''f_1+M_2''f_2\ldots+M_n''f_n)\\ \times(M'''a'L+M_1''f_1^2+M_2''f_2^2\ldots+M_n''f_n^2)\end{matrix}}$$

Ainsi, il suffira de mesurer M''', a', L avant les expériences; et, après chaque coup, les lignes b_1, f_1; b_2, f_2; b_3, f_3; ... b_n, f_n.

En déterminant les vîtesses initiales des projectiles par le pendule de *Robins*, il faudrait multiplier considérablement les expériences, pour découvrir suivant quelle loi ces vîtesses varient, en changeant le poids des boulets, le poids de la charge, et la longueur de l'âme de la pièce. C'est un fait qu'il n'existe aucune formule capable de donner d'une manière tout-à-fait satisfaisante la vîtesse des projectiles en fonction des ces trois élémens à la fois. Mais si, l'on veut se contenter d'une approximation, on pourra employer souvent une formule proposée par *Euler* dans ses Commentaires sur l'ouvrage de *Robins* (page 383). Je vais faire voir qu'on obtient cette formule, en assimilant ce problème à celui dont l'objet est, de déterminer le mouvement rectiligne de deux points matériels soumis à l'action d'une même force répulsive développée par un fluide élastique qui se dilate entre les deux points.

(51) Soient M et M' les masses des deux corps et r la distance de leurs centres de gravité au bout du temps t. Quelle que soit la force répulsive on peut l'exprimer par une fonction de r, que je représente par $\varphi(r)$. En désignant par x et x' les distances respectives des deux centres de gravité à un point fixe pris sur la direction de leur mouvement, et choisissant pour point fixe celui qui était occupé par le centre de gravité du corps M à l'origine du mouvement, nous aurons ces deux équations différentielles;

$$M\frac{d^2x}{dt^2} = \varphi(r) = \varphi(x + x'),$$

$$M'\frac{d^2x'}{dt^2} = \varphi(r) = \varphi(x + x');$$

où les lignes x et x' sont censées positives et comptées en sens contraire depuis le point fixe.

Il suit de là que $M\frac{d^2x}{dt^2}-M'\frac{d^2x'}{dt^2}=0$: donc en intégrant cette équation et supposant nulles les valeurs initiales des vîtesses $\frac{dx}{dt}$, $\frac{dx'}{dt}$, on a $M\frac{dx}{dt}-M'\frac{dx'}{dt}=0$. Maintenant, si l'on intégre cette dernière équation, il viendra $Mx-M'x'=-M'\alpha$; $x=0$ et $x'=\alpha$ étant les valeurs initiales de x et x'.

D'un autre côté, si l'on fait la somme

$$2M\frac{d^2x}{dt^2}dx+2M'\frac{d^2x'}{dt^2}dx'$$

on aura, en prenant l'intégrale de cette différentielle depuis $r=\alpha$ jusqu'à $r=r$;

$$M\left(\frac{dx}{dt}\right)^2+M'\left(\frac{dx'}{dt}\right)^2=2\int_{\alpha}^{r}\varphi(r)dr;$$

ou bien,

$$M\left(\frac{dx}{dt}\right)^2\left\{1+\frac{M}{M'}\right\}=2\int_{\alpha}^{r}\varphi(r)dr,$$

en observant que $M'\frac{dx'}{dt}=M\frac{dx}{dt}$.

Or en nommant l la longueur de l'âme de la pièce, il est clair que, l'action de la force $\varphi(r)$ cesse au moment où $r=l$. Donc, en désignant par V la vîtesse acquise par le corps M au bout de cet instant, on a

$$MV^2\left\{1+\frac{M}{M'}\right\}=2\int_{\alpha}^{l}\varphi(r)dr.$$

Actuellement, si nous supposons que, M soit la masse du boulet et M' la masse du canon augmentée de celle de son affût, on pourra négliger la petite fraction $\frac{M}{M'}$ et tirer de là ;

$$V^2 = \frac{2}{M} \cdot \int_{\alpha}^{l} \varphi(r)\, dr$$

pour le carré de la vîtesse du boulet à la bouche du canon. Ce résultat étant vrai, sans définir la fonction $\varphi(r)$, on en conclud que, les vîtesses imprimées à différens boulets par le même canon et la même charge sont (*ceteris paribus*) en raison inverse de la racine carrée du poids des boulets.

Parmi les hypothèses qu'on peut faire sur l'expression de $\varphi(r)$, prenons d'abord celle-ci ;

$$\varphi(r) = f.\varpi.\lambda.\frac{M}{2M+N}\cdot\frac{\alpha}{2r-\alpha};$$

où λ désigne la surface de la section de l'âme de la pièce ; N la masse de la charge ; ϖ la pression de l'atmosphère sur l'unité de surface, et f un coefficient numérique convenable, pour que cette force soit mesurée par un multiple de la pression atmosphérique.

Cela posé, il est clair que nous avons

$$2\int_{\alpha}^{l} \varphi(r)\,dr = f\varpi.\lambda.\frac{M\alpha}{2M+N}\,\text{Log.}\left(\frac{2l-\alpha}{\alpha}\right),$$

et par conséquent

$$V^2 = \frac{2}{M}\int_{\alpha}^{l} \varphi(r)\,dr = \frac{f\varpi.\lambda\alpha}{2M+N}\,\text{Log.}\left(\frac{2l-\alpha}{\alpha}\right),$$

ou bien

$$V^2 = \frac{f\varpi}{D}\cdot\frac{N}{2M+N}\,\text{Log.}\left(\frac{2l-\alpha}{\alpha}\right),$$

D étant la densité de la poudre.

Si l'on mesure la pression ϖ par le baromètre ordinaire, on a $\varpi = g\mu H$; où μ désigne la densité du mercure et H la hauteur de la colonne barométrique. Donc, en substituant cette valeur de ϖ, nous avons

$$(E) \ldots\ldots \quad V^2 = fg.H.\frac{\mu}{D}\cdot\frac{N}{2M+N}.\text{Log.}\left(\frac{2l-\alpha}{\alpha}\right).$$

Soit $2c$ le diamètre du boulet et Δ sa densité : l'usage ordinaire étant de désigner la longueur de l'âme de la pièce par le nombre des diamètres du boulet qu'elle contient, nous ferons $l = i.2c$; ce qui donne

$$\frac{l}{\alpha} = \frac{\lambda.l.D}{N} = \frac{i.2c\lambda D}{N} = \frac{2i.D\pi c^3}{N} = \frac{3}{2}\cdot\frac{iD}{\Delta}\cdot\frac{M}{N}.$$

En introduisant cette valeur de $\frac{l}{\alpha}$ dans l'expression précédente de V^2, nous aurons

$$(E') \ldots\ldots \quad V^2 = f.gH.\frac{\mu}{D}\cdot\frac{N}{2M+N}\text{Log. hyp.}^e\left(3i\frac{D}{\Delta}\cdot\frac{M}{N} - 1\right),$$

ou bien,

$$(E'') \ldots \quad V^2 = \frac{fgH}{0,4342495}\cdot\frac{\mu}{D}\cdot\frac{N}{2M+N}\text{Log. tab.}^e\left(3i\frac{D}{\Delta}\cdot\frac{M}{N} - 1\right);$$

c'est en cela que consiste la formule d'*Euler*.

Si l'on veut avoir une idée de la valeur du coefficient numérique f, on supposera que, la formule (E) se rapporte à un boulet de 24 lancé avec une charge égale au tiers de son poids. Alors on a $V = 463^{\text{mét.}}$, à-peu-près. Cela posé, si l'on fait;

$$g = 9^{m},80896; \quad H = 0^{m},76; \quad \frac{\mu}{D} = \frac{13,548}{0,8335};$$

$$\frac{N}{2M+N} = \frac{1}{7}; \quad \frac{l}{\alpha} = \frac{1368}{134};$$

on obtient

$$\text{Log}.\left(\frac{gH.\mu}{D.0,4342495}\right)=2,4458219\,;$$

$$\text{Log. tab.}^{e}\left(\frac{2l-\alpha}{\alpha}\right)=1,2882025\,;$$

$$(463)^{2}=f\times 39,8772\times 1,2882025\,;$$

d'où l'on tire $f=4173,05$.

En substituant cette valeur de f dans les formules (E), (E'') il viendra ;

$$(E''')\ldots\quad V=1079^{m},29.\sqrt{\frac{N}{2M+N}\,\text{Log. tab.}^{e}\left(\frac{2l-\alpha}{\alpha}\right)}\,;$$

$$(E^{\text{IV}})\ldots\quad V=1079^{m},29.\sqrt{\frac{N}{2M+N}\,\text{Log. tab.}^{e}\left(3i\frac{D}{\Delta}.\frac{M}{N}-1\right)}.$$

Pour appliquer cette dernière formule à des boulets de fer fondu, on prendra $\frac{D}{\Delta}=\frac{0,8335}{7,2070}$; ce qui donne $\frac{3D}{\Delta}=0,347035$. Donc, suivant cette théorie, la vitesse V d'un boulet de fer fondu lancé avec un canon dont la longueur de l'âme contient un nombre i de calibres, sera

$$(E^{\text{V}})\ldots\quad V=1079^{m},29.\sqrt{\frac{N}{2M+N}\,\text{Log. tab.}^{e}\left(0,347.\frac{iM}{N}-1\right)}\,;$$

où M représente le poids du boulet et N le poids de la charge. La hauteur h due à cette vitesse, sera

$$(E^{\text{VI}})\ldots\quad h=59377^{m},6.\frac{N}{2M+N}\,\text{Log. tab.}^{e}\left(0,347.\frac{iM}{N}-1\right).$$

Si, au lieu de l'expression précédente de $\varphi(r)$, on prenait

$$\varphi(r) = \frac{f.\varpi.\lambda.M}{2M+N}\left\{\left(\frac{\alpha}{r}\right)^{n} - \frac{N}{M}.Gn\left(\frac{\alpha}{r}\right)^{n+1} + \frac{N}{M}.\frac{G\alpha}{(l-\alpha)}\right\},$$

où n et G désignent deux quantités constantes, on trouverait

$$\int_{\alpha}^{l} \varphi(r)\,dr = \frac{f.\varpi.\lambda.M}{(2M+N)(1-n)}\left\{\left(\frac{\alpha}{l}\right)^{n-1} - 1 + (1-n)G.\frac{N}{M}\left(\frac{\alpha}{l}\right)^{n}\right\};$$

et par conséquent

$$(L)\ldots\ V^2 = \frac{2f\varpi}{D(1-n)}\cdot\frac{N}{2M+N}\cdot\left\{\left(\frac{\alpha}{l}\right)^{n-1} - 1 + (1-n).\frac{N}{M}G\left(\frac{\alpha}{l}\right)^{n}\right\}.$$

Il est remarquable que cette hypothèse conduise (en y supprimant les termes qui seraient divisés par la masse du canon) à une expression de V^2 semblable à celle qui résulte d'une théorie de *Lagrange* exposée par M.r *Poisson* dans le 21.ième Cahier du Journal de l'École Polytechnique (Voyez page 204).

Mais je ferai observer que, conformément à cette même théorie, on devrait prendre $G=0$. En effet, suivant les dénominations établies par M.r *Poisson* on a les deux équations

$$\left(m+\frac{1}{2}\mu\right)V + \left(m'+\frac{1}{2}\mu\right)V' = 0;$$

$$\left(m+\frac{\mu}{3}\right)V^2 + \left(m'+\frac{\mu}{3}\right)V'^2 + \frac{\mu}{3}V' = \frac{2\pi c^2 k\alpha}{1-n}\left\{\frac{1}{\alpha}.\int_0^{\alpha}\left(\frac{dz}{dx}\right)^{1-n}dx - 1\right\};$$

où on doit faire

$$\frac{dz}{dx} = \frac{y-y'}{\alpha} + \mu\frac{dU}{dx} = \frac{l}{\alpha} + \mu\frac{dU}{dx}.$$

Donc en négligeant le carré de μ on peut faire

$$\left(\frac{dz}{dx}\right)^{1-n}=\left(\frac{l}{\alpha}\right)^{1-n}+(1-n)\left(\frac{l}{\alpha}\right)^{-n}.\mu\frac{dU}{dx};$$

d'où l'on tire ;

$$\int_0^\alpha\left(\frac{dz}{dx}\right)^{1-n}dx=\left(\frac{l}{\alpha}\right)^{1-n}.\alpha+(1-n)\left(\frac{l}{\alpha}\right)^{-n}.\mu\int_0^\alpha\frac{dU}{dx}dx\ .$$

Or $\int\frac{dU}{dx}dx=U$; et l'expression de U devient nulle en y faisant $x=0$ et $x=\alpha$; partant

$$\int_0^\alpha\frac{dU}{dx}dx=0\ ;$$

ce qui fait disparaître le terme qu'on voit multiplié par ψ dans la page 204 citée plus haut. Ainsi, je dois avouer que, je ne comprends pas pourquoi Mr *Poisson* remplace l'intégrale définie

$$\int_0^\alpha\frac{dU}{dx}dx$$

par $\alpha.\psi$, en disant que, ψ représente la valeur de $\frac{dU}{dx}$ correspondante à $x=l$.

Euler a fait contre la théorie de *Robins* une remarque importante conçue en ces termes (Voyez pages 387, 388 *de la traduction française de l'ouvrage de Robins*) « La principale cause de la dif-
« férence qui se trouve entre la formule de l'Auteur et la notre,
« consiste en ce qu'il n'a pas fait attention que les matières gros-
« sières de la poudre participent aussi au mouvement, et qu'elles
« occupent une partie de l'espace dans lequel la charge est renfermée.

« La première de ces deux circonstances diminue la vîtesse du « boulet parceque, une partie de la force de la poudre est em- « ployée à mettre ces matières grossières en mouvement ». C'est d'après ces considérations que, *Euler* a substitué le facteur $\frac{2N}{2M+N}$ au facteur $\frac{N}{M}$ qu'on voit dans la formule de *Robins*. Ainsi *Euler* avait senti, avant *Lagrange*, la nécessité d'ajouter la moitié de la masse de la charge à la masse du boulet. Mais *Euler* n'a pas formé, comme *Lagrange*, les équations qui déterminent le mouvement simultané du boulet, du canon, et de la poudre réduite en fluide élastique (*).

(52) Les formules [43], [44] donnent lieu à d'autres considérations que je vais développer. Le mouvement du pendule sera oscillatoire, si la valeur de $\left(\frac{d\theta}{dt}\right)^2$ devient nulle pour une valeur négative de θ moindre que π; mais il sera révolutif, si en faisant $\theta = -\pi$, on a

$$\left\{\frac{V^2(1+\mu^2)}{2gL} - (\cos\alpha + \mu\sin\alpha)\right\} e^{-\mu(\alpha+\pi)} > 1 .$$

Les valeurs successives de θ qui répondent aux passages du pendule

(*) Monsieur l'Abbé *Dal-Negro*, Professeur de Physique de l'Université de Padoue, a publié en 1824 un nouveau moyen pour mesurer la vitesse initiale des projectiles. Quelques expériences faites en 1831 par ce même Professeur sont propres à faire sentir l'importance de son invention; mais elles ne suffisent pas, pour établir la préférence de sa méthode sur celle de *Robins*. Toutefois, l'idée de Monsieur *Dal-Negro* mérite un examen fondé sur des expériences comparatives, si l'on veut l'apprécier avec justesse. On doit à ce Physicien ingénieux plusieurs recherches importantes: et, avec le temps, il sera considéré, en général, comme le premier qui a publié la nouvelle manière de communiquer à une machine un mouvement de rotation, à l'aide d'un appareil *Electro-magnétique*. Il dit dans son Mémoire sur la description de cette Machine « *questo nuovo strumento fu da me eseguito nell'anno* « 1831 ».

par le point inférieur de la verticale sont, $0, -2\pi, -4\pi, -6\pi$ etc. Donc, en faisant $\theta = -i.2\pi$ dans la formule [43], nous aurons pour l'expression générale du carré de la vitesse angulaire à l'instant de ces passages;

$$\left(\frac{d\theta}{dt}\right)^2 = \frac{2g}{L(1+\mu^2)}\left\{1 - \left[\frac{V^2(1+\mu^2)}{2gL} - (\cos\alpha + \mu\sin\alpha)\right] e^{-\mu(\alpha+2i\pi)}\right\}.$$

Après un certain nombre de révolutions, le facteur $e^{-\mu.2i\pi}$ sera assez petit pour qu'on ait

$$\left[\frac{V^2(1+\mu^2)}{2gL} - (\cos\alpha + \mu\sin\alpha)\right] e^{-\mu 2i\mu} = 1 - \beta;$$

β étant une quantité positive; car, pour cela, il suffit de prendre pour i le nombre entier immédiatement plus grand que

$$\frac{1}{2\pi\mu}\,\text{Log. hyp.}^e \left\{\frac{V^2(1+\mu^2)}{2gL} - \cos\alpha - \mu\sin\alpha\right\}.$$

Au bout de ce nombre i de révolutions, on aura, au moment du passage du pendule par le point inférieur de la verticale;

$$\left(\frac{d\theta}{dt}\right)^2 = \frac{2g}{L(1+\mu^2)}\left\{1 + (1-\beta)e^{-\mu\alpha}\right\}.$$

Or, en appliquant ici un raisonnement analogue à celui qui nous a fourni l'équation [7], il viendra

$$[47] \cdots \left(\frac{d\theta}{dt}\right)^2 = \frac{2g}{L(1+\mu^2)}\left\{\cos\theta - \mu\sin\theta + (1-\beta)e^{-\mu(\alpha+\theta)}\right\}.$$

Et cette équation subsistera depuis $\theta = 0$ jusqu'à $\theta = \alpha_1$; α_1 étant le premier arc qui rend nulle la valeur de $\left(\frac{d\theta}{dt}\right)^2$. Il est évident que, cette valeur de $\alpha_{,}$ doit être plus grande que $90^\circ = \frac{\pi}{2}$; ainsi en posant $\alpha_{,} = \frac{\pi}{2} + \lambda$, on aura pour déterminer λ l'équation

$$(\sin\lambda + \mu\cos\lambda)e^{\mu\lambda} = (1-\beta)e^{-\mu\left(\alpha + \frac{\pi}{2}\right)};$$

ou bien, en substituant pour $1-\beta$ sa valeur;

$$[48] \ldots (\sin\lambda + \mu\cos\lambda)e^{\mu\lambda} = \left\{\frac{V^2(1+\mu^2)}{2gL} - (\cos\alpha + \mu\sin\alpha)\right\} e^{-\mu\left(\alpha + \frac{\pi}{2} + 2i\pi\right)}.$$

L'équation [47] revient donc à celle-ci;

$$\left(\frac{d\theta}{dt}\right)^2 = \frac{2g}{L(1+\mu^2)}\left\{(\cos\theta - \mu\sin\theta) + (\sin\lambda + \mu\cos\lambda)e^{\mu\left(\lambda + \frac{\pi}{2} - \theta\right)}\right\}.$$

Maintenant, si l'on fait $\gamma = \frac{\pi}{2} + \lambda$, on tire de la;

$$[49] \ldots t\sqrt{\frac{g}{L(1+\mu^2)}} = \int_0^\theta \frac{d\theta}{\sqrt{2\cos\theta - 2\mu\sin\theta - 2(\cos\gamma - \mu\sin\gamma)e^{\mu(\gamma-\theta)}}};$$

c'est-à-dire, une équation tout-à-fait semblable à l'équation [12], et qui s'en déduit par le simple changement de α' en γ. Le mouvement étant maintenant oscillatoire, on peut lui appliquer les formules qui s'y rapportent.

(53) Si cependant on avait

$$\left\{\frac{V^2(1+\mu^2)}{2gL} - (\cos\alpha + \mu\sin\alpha)\right\} e^{-\mu(\alpha+\pi)} = 1,$$

ce cas devrait être traité à part. Alors, la formule [44], donne

$$[50]\ldots\quad t\sqrt{\frac{g}{L(1+\mu^2)}}=-\int_0^\theta \frac{d\theta}{\sqrt{2\cos\theta+2+\left\{2\mu\sin\theta-2+2e^{\mu(\pi+\theta)}\right\}}};$$

en négligeant le carré de μ on a donc

$$t\sqrt{\frac{g}{L}}=-\int_0^\theta \frac{d\theta}{\sqrt{2+2\cos\theta}}+\mu\int_0^\theta \frac{d\theta\,\{\sin\theta+\pi+\theta\}}{(2+2\cos\theta)^{\frac{3}{2}}}\;;$$

d'où l'on tire

$$t\sqrt{\frac{g}{L}}=\mathrm{Log.}\left\{\frac{\mathrm{tang}\left(45^\circ+\frac{1}{4}\alpha\right)}{\mathrm{tang}\left(45^\circ+\frac{1}{4}\theta\right)}\right\}+\mu\int_\alpha^\theta \frac{d\theta\,\{\pi+\theta+\sin\theta\}}{(2+2\cos\theta)^{\frac{3}{2}}}.$$

Le premier terme de cette expression devient infini lorsque $\theta=-180^\circ$. Ainsi, dans ce cas, le mouvement est progressif, quoiqu'il soit vrai de dire que, le mobile n'arrive, qu'après un temps infini, à l'extrémité supérieure de la verticale.

(54) Supposons maintenant, que l'équation [44] se rapporte au mouvement révolutif : si, dans ce cas, on voulait la développer suivant les puissances de μ, il conviendrait de faire

$$V^2(1+\mu^2)=2gH,$$

et de l'écrire d'abord ainsi ;

$$t\sqrt{\frac{g}{L(1+\mu^2)}}=$$

$$-\int_{\alpha}^{\theta}\frac{d\theta}{\sqrt{2\cos\theta+\frac{2H}{L}-2\cos\alpha+\left(\frac{2H}{L}-2\cos\alpha\right)\left(e^{-\mu(\alpha-\theta)}-1\right)+2\mu\left\{\sin\theta-\sin\alpha.e^{-\mu(\alpha-\theta)}\right\}}};$$

ensuite, en faisant

$$c^2=\frac{1}{\frac{H}{2L}+\sin^2.\frac{1}{2}\alpha},$$

on tire de là

$$[51]\ \ldots\ t\sqrt{\frac{V^2}{4L^2}+\frac{g\sin^2\frac{1}{2}\alpha}{L(1+\mu^2)}}=$$

$$-\int_{\alpha}^{\theta}\frac{\frac{1}{2}d\theta}{\sqrt{1-c^2\sin^2.\frac{1}{2}\theta+\frac{c^2}{2}\left(\frac{H}{L}-\cos\alpha\right)\left(e^{-\mu(\alpha-\theta)}-1\right)+\frac{\mu c^2}{2}\left\{\sin\theta-\sin\alpha.e^{-\mu(\alpha-\theta)}\right\}}}.$$

En négligeant le carré de μ, cette équation donne

$$[52]\ \ldots\ t\sqrt{\frac{V^2}{4L^2}+\frac{g\sin^2.\frac{1}{2}\alpha}{L}}=-\int_{\alpha}^{\theta}\frac{\frac{1}{2}d\theta}{\sqrt{1-c^2\sin^2.\frac{1}{2}\theta}}$$

$$+\frac{\mu c^2}{4}\int_{\alpha}^{\theta}\frac{\frac{1}{2}d\theta.\left\{\sin\theta-\sin\alpha-\left(\frac{H}{L}-\cos\alpha\right)(\alpha-\theta)\right\}}{\left(1-c^2\sin^2.\frac{1}{2}\theta\right)^{\frac{3}{2}}};$$

d'où l'on tire

$$[53]\ldots t\sqrt{\frac{V^2}{4L^2}+\frac{g\sin^2.\frac{1}{2}\alpha}{L}}=\frac{\mu}{2}\left\{\left(1-c^2\sin^2\frac{1}{2}\theta\right)^{-\frac{1}{2}}-\left(1-c^2\sin^2\frac{1}{2}\alpha\right)^{-\frac{1}{2}}\right\}$$

$$-\int_\alpha^\theta\frac{\frac{1}{2}d\theta}{\sqrt{1-c^2\sin^2\frac{1}{2}\theta}}+\frac{\mu c^2}{2}\left(\frac{H}{L}-\cos\alpha\right)\int_\alpha^\theta\frac{\frac{1}{2}\theta.\frac{1}{2}d\theta}{\left(1-c^2\sin^2\frac{1}{2}\theta\right)^{\frac{3}{2}}}$$

$$-\frac{\mu c^2}{4}\left\{\sin\alpha+\left(\frac{H}{L}-\cos\alpha\right)\alpha\right\}\int_\alpha^\theta\frac{\frac{1}{2}d\theta}{\left(1-c^2\sin^2\frac{1}{2}\theta\right)^{\frac{3}{2}}}.$$

En considérant la seconde limite de θ comme négative et comptée depuis zéro, on pourra écrire cette formule ainsi qu'il suit;

$$t\sqrt{\frac{V^2}{4L^2}+\frac{g\sin^2.\frac{1}{2}\alpha}{L}}=\frac{\mu}{2}\left\{\left(1-c^2\sin^2.\frac{1}{2}\theta\right)^{-\frac{1}{2}}-\left(1-c^2\sin^2.\frac{1}{2}\alpha\right)^{-\frac{1}{2}}\right\}$$

$$+\int_0^\alpha\frac{\frac{1}{2}d\theta}{\sqrt{1-c^2\sin^2\frac{1}{2}\theta}}-\frac{\mu c^2}{2}\left(\frac{H}{L}-\cos\alpha\right)\int_0^\alpha\frac{\frac{1}{2}\theta.\frac{1}{2}d\theta}{\left(1-c^2\sin^2.\frac{1}{2}\theta\right)^{\frac{3}{2}}}$$

$$+\frac{\mu c^2}{4}\left\{\sin\alpha+\left(\frac{H}{L}-\cos\alpha\right)\alpha\right\}\int_0^\alpha\frac{\frac{1}{2}d\theta}{\left(1-c^2\sin^2.\frac{1}{2}\theta\right)^{\frac{3}{2}}}$$

$$+\int_0^\theta \frac{\frac{1}{2}d\theta}{\sqrt{1-c^2\sin^2\frac{1}{2}\theta}}+\frac{\mu c^2}{2}\left(\frac{H}{L}-\cos\alpha\right)\int_0^\theta \frac{\frac{1}{2}\theta.\frac{1}{2}d\theta}{\left(1-c^2\sin^2\frac{1}{2}\theta\right)^{\frac{3}{2}}}$$

$$+\frac{\mu c^2}{4}\left\{\sin\alpha+\left(\frac{H}{L}-\cos\alpha\right)\alpha\right\}\int_0^\theta \frac{\frac{1}{2}d\theta}{\left(1-c^2\sin^2.\frac{1}{2}\theta\right)^{\frac{3}{2}}};$$

où l'arc θ doit être considéré comme positif. Mais on sait que, en général,

$$\int \frac{d\varphi}{(1-c^2\sin^2\varphi)^{\frac{3}{2}}}=-\frac{c^2\sin\varphi\cos\varphi}{(1-c^2)\sqrt{1-c^2\sin^2\varphi}}+\frac{1}{1-c^2}\int d\varphi\sqrt{1-c^2\sin^2\varphi};$$

partant, si l'on fait

$$\frac{1}{2}\theta=\varphi;\qquad \Delta=\sqrt{1-c^2\sin^2\varphi};\qquad \Delta'=\sqrt{1-c^2\sin^2\frac{1}{2}\alpha};$$

l'équation précédente sera équivalente à celle-ci;

$$[54]\ldots\ t\sqrt{\frac{V^2}{4L^2}+\frac{g\sin^2.\frac{1}{2}\alpha}{L}}=\frac{\mu}{2}\left\{\frac{1}{\Delta}-\frac{1}{\Delta'}\right\}+\int_0^\alpha \Delta\,d\varphi+\int_0^\theta \Delta\,d\varphi$$

$$-\frac{\mu c^4}{8(1-c^2)}\left\{\sin\alpha+\left(\frac{H}{L}-\cos\alpha\right)\alpha\right\}\left\{\frac{\sin\alpha}{\Delta'}+\frac{\sin\theta}{\Delta}\right\}$$

$$+\frac{\mu c^2}{4(1-c^2)}\left\{\sin\alpha+\left(\frac{H}{L}-\cos\alpha\right)\alpha\right\}\left\{\int_0^\alpha \Delta\,d\varphi+\int_0^\theta \Delta\,d\varphi\right\}$$

$$-\frac{\mu c^2}{2}\left(\frac{H}{L}-\cos\alpha\right)\left\{\int_0^\alpha \frac{\varphi\,d\varphi}{\Delta^3}-\int_0^\theta \frac{\varphi\,d\varphi}{\Delta^3}\right\}.$$

(54) Cette formule devient beaucoup plus simple en y supposant $\alpha = 0$ et $\theta = 2i\pi$; alors t désigne le temps d'un nombre i de révolutions: ainsi en écrivant $T^{(i)}$ au lieu de t, nous avons

$$\frac{VT^{(i)}}{2L} = \int_0^{i\pi} \frac{d\varphi}{\Delta} + \frac{\mu c^2 i.(H-L)}{2(1-c^2)L} \int_0^{\frac{\pi}{2}} \Delta\, d\varphi + \frac{\mu c^2(H-L)}{2L} \int_0^{i\pi} \frac{\varphi\, d\varphi}{\Delta^3} \; ;$$

et comme dans ce cas, $c^2 = \frac{2L}{H}$, cela revient à dire que,

$$[55]\ldots\ \frac{VT^{(i)}}{2L} = 2i \int_0^{\frac{\pi}{2}} \frac{d\varphi}{\Delta} + \frac{\mu i(H-L)}{H-2L} \int_0^{\frac{\pi}{2}} \Delta\, d\varphi + \frac{\mu(H-L)}{H} \int_0^{i\pi} \frac{\varphi\, d\varphi}{\Delta^3} \, .$$

Soit, pour un moment, $b^2 = 1 - c^2$: on a

$$\int \frac{d\varphi}{\Delta^3} = \frac{1}{b^2} \int \Delta\, d\varphi - \frac{c^2 \sin\varphi \cos\varphi}{b^2 \Delta} \; ;$$

et l'intégration par parties donne

$$\int \frac{\varphi\, d\varphi}{\Delta^3} = \varphi \int \frac{d\varphi}{\Delta^3} - \int d\varphi \int \frac{d\varphi}{\Delta^3} \; ;$$

partant nous avons

$$\int \frac{\varphi\, d\varphi}{\Delta^3} = \frac{\varphi}{b^2} \left\{ \int \Delta\, d\varphi - \frac{c^2 \sin\varphi \cos\varphi}{\Delta} \right\}$$

$$- \int d\varphi \left\{ \frac{1}{b^2} \int \Delta\, d\varphi - \frac{c^2 \sin\varphi \cos\varphi}{b^2 \Delta} \right\} ;$$

d'où l'on tire

$$\int \frac{\varphi d\varphi}{\Delta^3} = \frac{\varphi}{b^2}\int \Delta d\varphi - \frac{1}{b^2}\int d\varphi \int \Delta d\varphi - \frac{c^2\varphi \sin\varphi \cos\varphi}{b^2\Delta} + \frac{1}{b^2}(1-\Delta).$$

Or, en posant

$$\int \Delta d\varphi = B\varphi + B_1 \sin.2\varphi - B_2 \sin.4\varphi + B_3 \sin.6\varphi - \text{etc.},$$

on obtient, en intégrant depuis $\varphi = 0$;

$$\int d\varphi \int \Delta d\varphi = \frac{B\varphi^2}{2} + \frac{B_1}{2}(1-\cos 2\varphi) - \frac{B^2}{4}(1-\cos 4\varphi) + \text{etc.};$$

et par conséquent ;

$$\int_0^{\frac{\pi}{2}} \Delta d\varphi = \frac{\pi}{2} \cdot B ; \qquad \int_0^{i\pi} \frac{\varphi d\varphi}{\Delta^3} = \frac{\pi^2 i^2 . B}{2b^2} .$$

Si l'on observe maintenant que,

$$B = \frac{2}{\pi}\int_0^{\frac{\pi}{2}} \Delta d\varphi ,$$

on admettra que l'équation [55] est équivalente à celle-ci;

$$[56]\ldots \frac{VT^{(i)}}{2L} = 2i\int_0^{\frac{\pi}{2}} \frac{d\varphi}{\Delta} + \frac{\mu i(H-L)}{H-2L}\int_0^{\frac{\pi}{2}} \Delta d\varphi + \frac{\mu \pi i^2.(H-L)}{H-2L}\int_0^{\frac{\pi}{2}} \Delta d\varphi .$$

Ainsi, en vertu de la résistance du milieu, on a pour $T^{(i)}$ une expression de la forme $Ai + \mu i^2 . B$. La différence entre les temps de deux révolutions consécutives est donc exprimée par

$$A(i+1) + \mu B(i+1)^2 - Ai - \mu B i^2 = A + \mu B + 2\mu i B\,;$$

de sorte que cette différence augmente proportionnellement au nombre i des révolutions qui la précédent.

Je ne pousse pas plus loin ces recherches; il me suffit d'avoir ainsi fait voir une partie des conséquences qu'on peut tirer de l'équation [1].

Traduction de l'article de M.r *J. Challis.*

Théorie de la correction qui doit être appliquée à un pendule sphérique pour la réduction au vide. Par le Rev. J. Challis *associé à la Société Philosophique de Cambridge.*

« Dans un écrit précédent relatif à la résistance au mouvement d'un petit corps sphérique dans un fluide élastique, j'ai entrepris d'expliquer entièrement, par des considérations théoriques, la manière dont l'air agit sur un pendule formé d'une petite boule sphérique, suspendue par un fil très-mince, quand il y exécute des oscillations très-petites: mais j'avais omis d'entrer dans aucun calcul pour déterminer la valeur numérique de la correction requise pour réduire le temps de la vibration dans l'air au temps qui aurait lieu dans le vide. Comme cette théorie là est assez avancée pour obtenir un tel résultat sans le secours de l'expérience, je me propose d'en faire l'objet du présent écrit. Dans l'écrit mentionné se trouve l'équation suivante

$$Mv^2+mv^2=2g(M-\mu)(h-x),$$

où M est la masse de la boule, v la vîtesse de son centre, μ la masse d'un égal volume d'air, g la force de la gravité, $h-x$ la descente verticale du centre de la boule. Cette équation, sans le terme mv^2, est celle qui était employée autrefois dans la réduction au vide, l'effet du mouvement du fluide n'étant pas pris en considération. Suivant notre théorie, mv^2 doit être ajouté en conséquence du mouvement simultané de l'air avec le pendule. Le raisonnement conduit à la conclusion, que le changement de densité qui a lieu à la surface de la boule est si petit, que nous pouvons considérer l'air mise en mouvement, précisément comme si elle était incompressible. L'influence de l'air porté par le fil de suspension a été négligée dans cette théorie. En outre la surface de la boule a été supposée parfaitement polie, de sorte que il n'y a aucun mouvement imprimé aux particules aëriennes dans la direction d'un plan tangent. Il suit de là que l'air en contact avec la boule se mouvra dans une direction normale à sa surface, et par conséquent dirigée au centre. A cause que la densité est à fort peu-près invariable, la vîtesse, à un instant donné, variera à fort peu-près, sur les différens points d'un rayon prolongé, inversement comme le carré de la distance au centre. Ces résultats étant admis, nous pouvons passer au calcul de mv^2. Concevons deux lignes droites tirées à chaque instant par le centre de la boule, une dans la direction de son mouvement, l'autre dans une direction faisant un angle θ avec la première. Soit φ l'angle que le plan de ces deux lignes fait avec un plan perpendiculaire au fil de suspension mené par le centre de la boule. La vîtesse de l'air au point où la dernière ligne rencontre la surface est $v\cos\theta$; et à chaque point P de cette ligne, placé à la distance r du centre, la vîtesse est $v\frac{b^2}{r^2}\cos\theta$; b étant le rayon de la boule. La masse de l'élément fluide P, sa densité étant l'unité, est $dr \times rd\theta \times r\sin\theta . d\varphi$, et la *vis viva* du fluide en mouvement, ou mv^2 est égale à

$$\iiint\left(\frac{v\,b^2\cos\theta}{r^2}\right)^2 r^2\sin\theta\,dr\,d\theta\,d\varphi\ .$$

L'intégrale par rapport à φ doit être prise depuis o à 2π. Celle relative à θ depuis o jusqu'à π, et celle relative à r depuis b jusqu'à l'infini. Donc

$$mv^2 = b^4v^2\iiint\frac{dr}{r^2}\cos^2\theta\sin\theta\,d\theta\,d\varphi = 2\pi b^4v^2\iint\frac{dr}{r^2}\cos^2\theta\sin\theta\,d\theta$$

$$=\frac{4\pi b^4v^2}{3}\int\frac{dr}{r^2}=\frac{4\pi b^3v^2}{3}\ .$$

Il suit de là que $m=\frac{4\pi b^3}{3}=\mu$, et que

$$Mv^2+mv^2=2g(M-\mu)(h-x).$$

Donc

$$-v\frac{dv}{dx},\quad \text{ou}\quad f=g.\frac{M-\mu}{M+\mu}=g\left(1-\frac{2\mu}{M}\right)$$

à-peu-près; et si $l'=$ la longueur du pendule à secondes dans l'air, l dans le vide;

$$\frac{l'}{l}=\frac{f}{g}=1-\frac{2\mu}{M},\quad \text{et}\quad l'=l\left(1-\frac{2\mu}{M}\right).$$

Le coefficient, par lequel l'ancienne correction doit être multipliée, est par conséquent 2.

M.r *Bessel* a trouvé par expérience 1,956 pour la valeur de ce coefficient. Les expériences de M.r *Baily* (Voyez page 399 des Trans. Phil. pour 1832) donnent 1,864 pour des sphères d'un pouce et demi de diamètre, et 1,748 pour des sphères de deux pouces de diamètre, ce qui montre que ce coefficient est différent pour des sphères de diamètre différent. Aucune différence semblable ne résulte, ni de la théorie présente, ni de celle de M.r *Poisson*, où il a tenu compte de l'effet du frottement de l'air contre la surface de la boule. La théorie de cette différence a donc besoin d'une recherche ultérieure. L'expérience est le moyen plus propre pour déterminer le montant de la correction qu'on doit appliquer au pendule, mais la théorie combinée avec elle peut nous dévoiler les causes auxquelles la correction est due ».

NOTE

SUR L'INTÉGRATION DE L'ÉQUATION

$$\frac{d^2\varphi}{dt^2}=a^2\left\{\frac{d^2\varphi}{dx^2}+\frac{d^2\varphi}{dy^2}+\frac{d^2\varphi}{dz^2}\right\}\ldots(1)$$

Dans le Tome 2 des *Miscellanea Taurinensia* (page 7), *Euler* fit la remarque, que, une telle équation était identiquement satisfaite, en prenant

$$(2)\ldots\ \varphi=\text{Fonct.}\left\{\alpha x+\beta y+\gamma z+at\sqrt{\alpha^2+\beta^2+\gamma^2}\right\};$$

α, β, γ étant des quantités constantes arbitraires; ce qui est évident. Donc, à cause de la forme linéaire de l'équation (1), on peut aussi prendre pour φ une somme quelconque de fonctions semblables: et en ayant égard à l'ambiguité du signe du radical, on conçoit aussitôt qu'il est permis de faire

$$(3)\ \ldots\ \varphi=F\left\{\alpha x+\beta y+\gamma z+at\sqrt{\alpha^2+\beta^2+\gamma^2}\right\}$$
$$-\psi\left\{\alpha x+\beta y+\gamma z-at\sqrt{\alpha^2+\beta^2+\gamma^2}\right\},$$

ou bien φ égal à la somme de ces deux fonctions. Mais si l'on observe que, cette somme, on l'obtient en différentiant φ par rapport à t (abstraction faite du facteur constant $a\sqrt{\alpha^2+\beta^2+\gamma^2}$), et que l'équation (1) est satisfaite, non seulement par φ, mais aussi par $\frac{d\varphi}{dt}$, puisqu'elle donne

$$\frac{d^2 . \frac{d\varphi}{dt}}{dt^2} = a^2 \left\{ \frac{d^2 . \frac{d\varphi}{dt}}{dx^2} + \frac{d^2 . \frac{d\varphi}{dt}}{dy^2} + \frac{d^2 . \frac{d\varphi}{dt}}{dz^2} \right\},$$

on en conclura qu'il suffit de considérer la formule (3).

J'observe d'abord que, en exprimant α, β, γ comme on le pratique pour déterminer la position d'un point dans l'espace par les coordonnées polaires, on aurait

$$\alpha = \sqrt{\alpha^2 + \beta^2 + \gamma^2} . \cos\theta ,$$

$$\beta = \sqrt{\alpha^2 + \beta^2 + \gamma^2} . \sin\theta \sin\lambda ,$$

$$\gamma = \sqrt{\alpha^2 + \beta^2 + \gamma^2} . \sin\theta \cos\lambda ;$$

de sorte que, au lieu des formules (2) et (3), nous avons

$$(4) \ldots \varphi = F \{ x\cos\theta + y \sin\theta \sin\lambda + z \sin\theta \cos\lambda \pm at \} ;$$

$$(5) \ldots \varphi = f \{ x\cos\theta + y \sin\theta \sin\lambda + z \sin\theta \cos\lambda + at \}$$
$$- \Pi \{ x\cos\theta + y \sin\theta \sin\lambda + z \sin\theta \cos\lambda - at \} .$$

Parmi les différentes formes qu'on pourrait choisir pour les fonctions f et Π, la forme exponentielle est une des plus simples. Alors la formule (5) donne

$$(6) \ldots \varphi = M \left(e^{at} - e^{-at} \right) . e^{x\cos\theta + y\sin\theta\sin\lambda + z\sin\theta\cos\lambda}$$

e étant la base des logarithmes hyperboliques. Il est manifeste qu'on satisfait à l'équation (1), en sommant un nombre quelconque de termes semblables à celui-ci, qui se distinguent par les valeurs qu'on donnera aux trois quantités constantes M, θ, λ. Cette solution de l'équation (1) serait analogue à celles que le même *Euler* avait employées dans d'autres circonstances. Mais il ne voyait dans tout cela que des solutions particulières assujéties à des conditions initiales, qui, en nature, n'ont pas lieu. « Pour notre dessein (disait-il « dans la page citée) il s'agit de trouver un tel cas où l'ébranle- « ment initial aura été renfermé dans un petit espace d'où il s'est « répandu en tous sens ». Et ce cas, il le trouva en envisageant, comme Newton, les ondulations sphériques produites par des circonstances initiales tout-à-fait semblables et symétriques dans une petite étendue sphérique. Cette conception lui fit découvrir que, l'équation (1) était satisfaite, en prenant

$$(7) \ldots \quad \varphi = \frac{F\{\sqrt{x^2+y^2+z^2}-at\}}{\sqrt{x^2+y^2+z^2}} + \frac{f\{\sqrt{x^2+y^2+z^2}+at\}}{\sqrt{x^2+y^2+z^2}},$$

les fonctions F, f étant arbitraires. Cela revient à dire, que le produit $\varphi.\sqrt{x^2+y^2+z^2}=r\varphi$, constitue l'intégrale complète de l'équation

$$(8) \ldots \quad \frac{d^2.r\varphi}{dt^2} = a^2\frac{d^2.r\varphi}{dr^2},$$

semblable à celle qu'on rencontre dans le problême des cordes vibrantes, et qui déja avait été intégrée complètement par *D'Alembert* en 1750 (Voyez son Mémoire publié dans l'Académie de Berlin). Toutefois, il est philosophique de faire observer que, *Euler* ne vît pas d'abord la réduction de son problême à celui des cordes vibrantes. Alors (en 1759), l'idée de prendre pour inconnue la fonction φ, qui fournit par ses différences partielles les vîtesses et la condensation des molécules aëriennes, ne pouvait pas être naturelle, comme elle l'est devenue depuis la publication de la *Mécanique Analytique* de *Lagrange*. Le déplacement des molécules dans le sens du rayon vecteur r était une variable directement indiquée : aussi *Euler*, qui nommait u ce déplacement, tombat-il sur l'équation

$$(E) \ldots \quad \frac{d^2 u}{dt^2} = a^2 \left\{ \frac{d^2 u}{dr^2} + \frac{2}{r}\frac{du}{dr} - \frac{2u}{r^2} \right\},$$

laquelle peut être écrite ainsi ;

$$(E') \ldots \quad \frac{d^2 u}{dt^2} = a^2 \left\{ \frac{d^2 u}{dr^2} + \frac{2d}{dr} \cdot \left(\frac{u}{r}\right) \right\}.$$

Or, en nommant w la vîtesse $\frac{du}{dt}$, il est clair que, la différentielle de cette équation, prise par rapport à t, donne

$$\frac{d^2 w}{dt^2} + a^2 \left\{ \frac{d^2 w}{dr^2} + \frac{2d}{dr} \cdot \left(\frac{w}{r}\right) \right\}.$$

Comme w est une fonction de r et t, rien n'empêche de regarder w comme la différence partielle, par rapport à r, d'une autre fonction des mêmes variables, ce qui revient à poser $w = \frac{d\varphi}{dr}$. Alors, l'équation précédente devient immédiatement intégrable par rapport à r, et on en tire

$$\frac{d^2 \varphi}{dt^2} = a^2 \left\{ \frac{d^2 \varphi}{dr^2} + \frac{2}{r}\frac{d\varphi}{dr} \right\},$$

ou bien

$$\frac{d^2 . r\varphi}{dt^2} = a^2 \left\{ r\frac{d^2 \varphi}{dr^2} + 2\frac{d\varphi}{dr} \right\} = a^2 \frac{d^2 . r\varphi}{dr^2}.$$

De sorte que nous avons

$$r\varphi = f(r + at) + F(r - at);$$

d'où l'on tire

$$w=\frac{d\varphi}{dr}=\frac{1}{r}\left\{f'(r+at)+F'(r-at)\right\}-\frac{1}{r^2}\left\{f(r+at)+F(r-at)\right\};$$

$$u=\int w\,dt=\frac{1}{ar}\left\{f(r+at)-F(r-at)\right\}-\frac{1}{ar^2}\left\{\int f(r+at)dr-\int F(r-at)dr\right\}.$$

Cette expression de u peut être écrite de ces trois manières différentes ;

$$u=\frac{1}{ar^2}\left\{\begin{array}{l}\int F(r-at)dr-\int f(r+at)dr\\ -r\frac{d}{dr}\cdot\left\{\int F(r-at)dr-\int f(r+at)dr\right\}\end{array}\right\};$$

$$u=\frac{1}{ar^2}\left\{\int r\frac{d.f(r+at)}{dr}dr-\int r\frac{d.F(r-at)}{dr}dr\right\};$$

$$u=\frac{1}{ar^2}\int r\,dr\left\{\frac{d.f(r+at)}{dr}-\frac{d.F(r-at)}{dr}\right\};$$

ce qui explique pourquoi *Lagrange* disait dans les pages 73 et 75 du Tome 2 des *Miscellanea Taurinensia*, que l'équation d'*Euler* est réductible à celle des cordes vibrantes, soit en faisant

$$u=\frac{\int z'r\,dr}{r^2},$$

soit en prenant

$$u=\frac{y-r\frac{dy}{dr}}{r^2}\ (*).$$

Relativement à la condensation, *Euler* trouvait, que D étant la

(*) Je suppose que, par faute typographique on ne voit pas le dénominateur r^2 dans la page 75.

densité du fluide avant le mouvement, on avait pendant le mouvement,

$$D\left\{1+3\frac{u}{r}+r\frac{d.\left(\frac{u}{r}\right)}{dr}\right\}=D\left\{1+\frac{du}{dr}+2\frac{u}{r}\right\}$$

pour expression de la densité ; c'est-à-dire

$$D\left\{1+\frac{d^2.\int u\,dr}{a^2dt^2}\right\}=D\left\{1+\frac{d^2\int dr\int\frac{d\varphi}{dr}dt}{a^2dt^2}\right\}=D\left\{1+\frac{1}{a^2}\frac{d\varphi}{dt}\right\}.$$

Ainsi, la manière fort simple de ramener l'équation (E) à celle de *D'Alembert*, qui consiste à faire $u=\int\frac{d\varphi}{dr}dt$, ne fut pas aperçue alors, ni par *Lagrange*, ni par *Euler*: et la phrase d'*Euler*: « après « plusieurs recherches j'ai enfin trouvé que cette équation admet « une résolution générale semblable au cas où l'on ne suppose à « l'air qu'une seule dimension » indique assez clairement qu'il ne trouva son intégrale qu'après des essais, sans doute guidés avec ce tact d'un profond analyste qu'il possédait au suprême degré. Au reste, il en fait l'aveu lui-même d'une manière plus explicite dans un autre de ses Mémoires publié dans le Tome 3 des *Misc. Taur.* (pages 61 et 87).

Par là, *Euler*, avait fait un second pas d'autant plus important pour la théorie du son, qu'il expliquait par l'existence du diviseur r dans l'expression de φ, la diminution de son intensité à mesure qu'on s'éloigne du centre de l'ébranlement primitif. Mais l'intégrale complète de l'équation (1), analytiquement parlant, n'était pas encore trouvée. Pour s'en convaincre, sans réplique, il suffit de transformer l'équation (1) entre les coordonnées polaires, en faisant

$$x=r\cos\omega\,;\qquad y=r\sin\omega\sin\psi\,;\qquad z=r\sin\omega\cos\psi\,;$$

on trouvera

$$(9)\ldots\ \frac{d^2.r\varphi}{dt^2}=a^2\left\{\frac{d^2.r\varphi}{dr^2}+\frac{1}{r^2\sin\omega}\,\frac{d.\left\{\sin\omega\,\frac{d.r\varphi}{d\omega}\right\}}{d\omega}+\frac{1}{r^2\sin^2\omega}\cdot\frac{d^2.r\varphi}{d\psi^2}\right\};$$

par conséquent, c'est seulement dans la supposition que la fonction $r\varphi$ soit indépendante des deux angles ω et ψ, qu'il est possible de réduire cette équation à $\frac{d^2.r\varphi}{dt^2}=a^2\,\frac{d^2.r\varphi}{dr^2}$.

D'ailleurs, la formule (7) donne pour φ et $\frac{d\varphi}{dt}$, après avoir fait $t=0$, des expressions de la forme

$$\varphi=F_1\left(\sqrt{x^2+y^2+z^2}\right),\qquad -\frac{1}{a^2}\,\frac{d\varphi}{dt}=F_2\left(\sqrt{x^2+y^2+z^2}\right),$$

lesquelles ne sauraient convenir à des circonstances initiales tout-à-fait arbitraires. Le véritable problême est, de supposer données les deux fonctions

$$\varphi=F_1(x,y,z),\qquad -\frac{1}{a^2}\cdot\frac{d\varphi}{dt}=F_2(x,y,z),$$

lorsque $t=0$, et de tirer de-là et de l'équation (1) les valeurs subséquentes pour un instant quelconque. D'après cela on conçoit que, l'expression générale de φ doit renfermer les variables x,y,z associées avec des fonctions du temps d'une manière spéciale : la forme

$$T.f\{x+T',\ \ y+T'',\ \ z+T'''\},$$

T, T', T'', T''' indiquant des fonctions de t semble, au premier coup d'oeil, avoir les propriétés requises ; mais de pareilles conjectures sont trop vagues pour laisser entrevoir une voie de solution conforme aux principes du calcul analytique. Cependant, cette même idée étant combinée avec le principe de la transformation des fonctions par les intégrales définies, qui consiste à les considérer comme résultat d'une ou de plusieurs intégrations définies relatives à d'autres variables tout-à-fait différentes de celles du problême, conduit à concevoir φ comme représentée par un symbole de la forme

$$\iint TQdx'dy'\text{Fonct.}\left\{x+T'Q',\quad y+T''Q'',\quad z+T'''Q'''\right\},$$

après avoir fait, sans succès, des recherches sur les fonctions délivrées du signe intégral, et sur celles dépendantes d'une seule intégration. Mais, cette manière de voir ne peut être appréciée et devenir claire qu'après l'avoir étudiée sur d'autres cas plus simples. Alors, et seulement alors, l'idée de fixer son attention sur la formule (6) et de concévoir la possibilité d'en faire ressortir l'intégrale complète de l'équation (1) peut être saisie et poursuivie avec la ténacité que donne l'espoir du succès. On doit à M.r *Poisson* d'avoir franchi ce pas important, et quoique j'admire la manière dont il a exposé sa découverte, je me permettrai de la reproduire ici avec les changemens, qui m'ont paru propres à rendre moins brusque la transition.

Je reprends donc la considération de la formule (6): en développant le binome $e^{at}-e^{-at}$, on obtient la série

$$e^{at}-e^{-at}=at\left\{2+\frac{a^2t^2}{2}\cdot\frac{2}{3}+\frac{a^4t^4}{2.3.4}\cdot\frac{2}{5}+\frac{a^6t^6}{2.3.4.5.6}\cdot\frac{2}{7}+\text{etc.}\right\},$$

qui est susceptible d'une transformation singulière. D'abord j'observe que, à l'aide des intégrales définies simples on a ;

$$2=\int_0^\pi \sin q\,dq\,;\qquad\qquad 0=\int_0^\pi \cos q.\sin q\,dq\,;$$

$$\frac{2}{3}=\int_{0}^{\pi}\cos^2 q.\sin q\,dq\ ; \qquad 0=\int_{0}^{\pi}\cos^3 q.\sin q\,dq\ ;$$

$$\frac{2}{5}=\int_{0}^{\pi}\cos^4 q.\sin q\,dq\ ; \qquad 0=\int_{0}^{\pi}\cos^5 q.\sin q\,dq\ ;$$

etc.

Il suit de là que la série précédente est équivalente à celle-ci ;

$$e^{at}-e^{-at}=at\left\{\begin{array}{l}\int_{0}^{\pi}\sin q\,dq+at\int_{0}^{\pi}\cos q.\sin q\,dq+\frac{a^2t^2}{2}\int_{0}^{\pi}\cos^2 q.\sin q\,dq\\ +\frac{a^3t^3}{2.3}\int_{0}^{\pi}\cos^3 q.\sin q\,dq+\frac{a^4t^4}{2.3.4}\int_{0}^{\pi}\cos^4 q.\sin q\,dq\\ +\text{ etc.}\end{array}\right.$$

De sorte qu'on a

$$(10)\ \ldots\ldots\ e^{at}-e^{-at}=\int_{0}^{\pi}at\sin q\,dq\,.e^{at\cos q}\ ;$$

ce qui est évident sans aucun développement : partant nous avons

$$(11)\ldots\ \varphi=M\int_{0}^{\pi}at\sin q\,dq\,.e^{at\cos q+x\cos\theta+y\sin\theta\sin\lambda+z\sin\theta\cos\lambda},$$

au lieu de la formule (6). Actuellement, afin de donner au terme $at\cos q$ les mêmes coefficiens qui multiplient x, y, z j'observe que, en considérant le triangle sphérique dont les trois côtés seraient

q, θ, ω, et $\lambda-\psi$ l'angle opposé au côté q, on a

$$(12) \ldots \quad \cos q = \cos\theta\cos\omega + \sin\theta\sin\omega . \cos(\lambda-\psi) .$$

Ainsi en substituant cette valeur, on peut écrire

$$\varphi = Ma\int_0^\pi t\sin q\, dq . e^{x'\cos\theta + y'\sin\theta\sin\lambda + z'\sin\theta\cos\lambda},$$

en posant pour plus de simplicité

$$x' = x + at\cos\omega ; \quad y' = y + at\sin\omega\sin\psi ; \quad z' = z + at\sin\omega\cos\psi .$$

Mais, par-là, on substitue deux variables ω et ψ à la variable unique q, et l'intégration indiquée cesse d'avoir un sens tout-à-fait déterminé. Pour faire disparaître cette espèce d'indétermination, observons d'abord que nous avons cette équation identique

$$\int_0^\pi \sin q\, dq . e^{at\cos q} = \frac{1}{2\pi}\int_0^\pi\int_0^{2\pi} dq\, dp \sin q . e^{at\cos q},$$

en prenant o et 2π pour les limites de l'intégration relative à l'arc p.

Or, c'est un principe de Calcul Intégral, que, toute intégrale double de la forme $\int\int dp\, dq f(p,q)$ doit être transformée en

$$\int\int d\omega\, d\psi \left[\left(\frac{dp}{d\omega}\right)\left(\frac{dq}{d\psi}\right) - \left(\frac{dq}{d\omega}\right)\left(\frac{dp}{d\psi}\right)\right] f(p,q),$$

lorsqu'on exprime les variables primitives p et q en fonction de deux autres variables (Voyez Tome 2 du *Calc. diff. et int.* par M.r *Lacroix* p. 205). Donc, dans le cas actuel, où le triangle sphérique défini plus haut donne l'équation (12), et en outre (en nommant $p'-p$ l'angle opposé au côté ω et regardant p' comme quantité constante) l'équation

$$(13) \ldots \cos(p'-p)\sin q = \cos\omega\sin\theta - \sin\omega\cos\theta\cos(\lambda-\psi),$$

nous aurons, en posant, pour un moment, $\cos q = T$, et

$\cos(p'-p)\sin q = U$;

$$f(p,q).\left\{\left(\frac{dp}{d\omega}\right)\left(\frac{dq}{d\psi}\right)-\left(\frac{dq}{d\omega}\right)\left(\frac{dp}{d\psi}\right)\right\} =$$

$$\frac{f(p,q)}{\sin(p'-p)\sin^3 q}\left\{\begin{array}{l}\left(\frac{dT}{d\omega}\right)\left[\sin q\left(\frac{dU}{d\psi}\right) - U\cos q\left(\frac{dT}{d\psi}\right)\right] \\ -\left(\frac{dT}{d\psi}\right)\left[\sin q\left(\frac{dU}{d\omega}\right) - U\cos q\left(\frac{dT}{d\omega}\right)\right]\end{array}\right\}$$

$$= \frac{f(p,q)}{\sin(p'-p)\sin^2 q}\left\{\left(\frac{dT}{dp}\right)\left(\frac{dU}{d\psi}\right)-\left(\frac{dT}{d\psi}\right)\left(\frac{dU}{d\omega}\right)\right\}.$$

Mais,

$$\left(\frac{dT}{d\psi}\right) = \sin\omega\sin\theta\sin(\lambda-\psi),$$

$$\left(\frac{dU}{d\psi}\right) = -\sin\omega\cos\theta\sin(\lambda-\psi),$$

$$\left(\frac{dT}{d\omega}\right) = \sin\theta\cos\omega\cos(\lambda-\psi) - \sin\omega\cos\theta,$$

$$\left(\frac{dU}{d\omega}\right) = -\cos\theta\cos\omega\cos(\lambda-\psi) - \sin\omega\sin\theta;$$

partant l'expression précédente devient

$$\frac{f(p,q)\sin^2\omega.\sin(\lambda-\psi)}{\sin(p'-p)\sin^2 q} = \frac{f(p,q).\sin\omega}{\sin q},$$

en observant, que, la proportionnalité entre les *sinus* des côtés et les *sinus* des angles qui a lieu dans tout triangle sphérique, donne

$$\frac{\sin\omega}{\sin(p'-p)}=\frac{\sin q}{\sin(\lambda-\psi)}.$$

Donc nous avons l'équation générale

$$(14)\ \ldots\ \iint dp\,dq\,f(p,q)=\iint d\omega\,d\psi.\sin\omega.\frac{f(p,q)}{\sin q},$$

laquelle, dans le cas particulier de $f(p,q)=\sin q.F(q)$, se réduit à

$$(15)\ \ldots\ldots\ \iint dp\,dq\sin q.F(q)=\iint d\omega\,d\psi\sin\omega.F(q),$$

avec la condition de remplacer dans le second membre, $F(q)$ par

$$F\{\cos\theta\cos\omega+\sin\theta\sin\omega\cos(\lambda-\psi)\};$$

θ et λ étant des angles constans.

Legendre avait déjà trouvé ce théorême et s'était contenté de le démontrer pour le cas où $F(q)$ représente une puissance entière de $\cos q$ (Voyez Tome 2 de ses *Exercices de Calcul Intégral* page 173); mais M.r *Poisson* en a donné une démonstration générale (Voyez Tome 3 des *Nouv. Mém.* de l'Académie des Sciences de Paris) fondée sur une considération géométrique fort simple. La démonstration analytique que je viens d'en donner me parait plus directe.

Ainsi, il est démontré, que la formule (10) est équivalente à celle-ci;

$$e^{at}-e^{-at}=\frac{a}{2\pi}.\int_0^{\pi}\int_0^{2\pi} t\sin\omega\,d\omega\,d\psi.e^{at\cos q};$$

$\cos q$ ayant la valeur donnée par l'équation (12). Par conséquent l'expression de φ fournie par l'équation (6) est équivalente à celle-ci;

$$\varphi = \int_0^{\pi}\int_0^{2\pi} Nt.\sin\omega\, d\omega\, d\psi . e^{x'\cos\theta + y'\sin\theta\sin\lambda + z'\sin\theta\cos\lambda},$$

où N désigne un coefficient arbitraire, mais constant.

Cela posé, si l'on développe l'exponentielle on aura une série susceptible d'être ordonnée; d'abord suivant les puissances du trinome

$$(x + at\cos\omega)\cos\theta + (y + at\sin\omega\sin\psi)\sin\theta\sin\lambda$$
$$+ (z + at\sin\omega\cos\psi)\sin\theta\cos\lambda,$$

et ensuite, suivant les puissances et les produits des trois binomes

$$x + at\cos\omega, \quad y + at\sin\omega\sin\psi, \quad z + at\sin\omega\cos\psi;$$

et cette série sera susceptible de toutes les variétés possibles à l'égard des coefficients de ces puissances et de ces produits, par le changement des trois constantes N, θ, λ. Donc en sommant un nombre indéfini de séries semblables, la somme conservera la propriété de satisfaire à l'équation (1), et sera une série telle que, rien n'empêche de la considérer comme l'équivalent d'une fonction arbitraire des mêmes trois binomes; ce qu'on exprime, en posant

$$\varphi = \int_0^{\pi}\int_0^{2\pi} t\sin\omega\, d\omega\, d\psi f. \left\{x + at\cos\omega,\ y + at\sin\omega\sin\psi,\ z + at\sin\omega\cos\psi\right\}.$$

Et comme on a dit plus haut que, le coefficient différentiel par rapport à t, de toute fonction qui satisfait à l'équation (1) a la propriété d'y satisfaire aussi, nous concluons de là, que

$$(16)\ldots\ \varphi = \int_0^{\pi}\int_0^{2\pi} t \sin\omega\, d\omega\, d\psi\, f.\left\{x + at\cos\omega,\ y + at\sin\omega\sin\psi,\ z + at\sin\omega\cos\psi\right\}$$

$$\frac{d}{dt}\cdot\int_0^{\pi}\int_0^{2\pi} t \sin\omega\, d\omega\, d\psi\, F\left\{x + at\cos\omega,\ y + at\sin\omega\sin\psi,\ z + at\sin\omega\cos\psi\right\},$$

est l'intégrale complète de l'équation (1): c'est-à-dire une intégrale telle que, en exécutant la différentiation indiquée, et formant ensuite l'expression de $\frac{d\varphi}{dt}$, on en tire, en posant $t = 0$;

$$\varphi = 4\pi F(x, y, z); \qquad -\frac{1}{a^2}\cdot\frac{d\varphi}{dt} = -\frac{4\pi}{a^2} f(x, y, z).$$

Ces fonctions étant entièrement arbitraires, il suffit d'y ajouter la condition, qu'elles peuvent être *continues* ou *discontinues*, pour pouvoir dire qu'elles s'adaptent à toutes les circonstances initiales possibles, soit à l'égard des vîtesses $\frac{d\varphi}{dx}$, $\frac{d\varphi}{dy}$, $\frac{d\varphi}{dz}$, soit à l'égard de la condensation exprimée par $-\frac{1}{a^2}\cdot\frac{d\varphi}{dt}$.

Si l'on veut exclure le facteur 4π des valeurs initiales de φ et $-\frac{1}{a^2}\frac{d\varphi}{dt}$, il suffit d'écrire l'expression générale de φ en y mettant extérieurement au signe intégral le facteur $\frac{1}{4\pi}$: ce qui revient à dire que, on prend

$$(17)\ldots\ \varphi = \frac{1}{4\pi}\int_0^{\pi}\int_0^{2\pi} t\sin\omega\, d\omega\, d\psi\, f.\left\{x + at\cos\omega,\ y + at\sin\omega\sin\psi,\ z + at\sin\omega\cos\psi\right\}$$

$$+\frac{1}{4\pi}\frac{d}{dt}\cdot\int_0^{\pi}\int_0^{2\pi} t\sin\omega\, d\omega\, d\psi\, F\left\{x + at\cos\omega,\ y + at\sin\omega\sin\psi,\ z + at\sin\omega\cos\psi\right\},$$

pour l'intégrale complète de l'équation (1).

On voit par là que cette découverte de M.r *Poisson* résulte de la forme particulière d'*Euler* combinée avec un théorême de *Legendre* sur les intégrales définies doubles. Mais l'idée des combinaisons de ce genre et des transformations qui en sont l'objet, quoique fortifiée par plusieurs écrits d'*Euler* demeura pendant long-temps stérile pour la Physique Mathématique, et on doit à l'immortel Auteur de la Théorie de la Chaleur, d'avoir le premier montré aux Géomètres qu'une telle idée pouvait être immense dans le développement de ses conséquences.

L'équation (1) est celle qu'on obtient, en considérant le mouvement vibratoire d'une masse fluide élastique, et homogène dans sa température, abstraction faite de sa pésanteur: elle est vraie pour une masse fluide indéfinie dans ses trois dimensions. Mais il y a des cas, où la figure affectée, à chaque instant, par la surface extérieure de la masse fluide pourrait être donnée. Supposons, par exemple, la masse fluide renfermée dans un conoïde ayant pour axe une ligne droite que nous prendrons pour l'axe des z: en outre, supposons le conoïde assez étroit, pour que le mouvement du fluide puisse avoir lieu, sensiblement, suivant l'hypothèse du parallèlisme des tranches. Ce cas, quoique fort particulier, conduit à une équation, qui a une connexion intime avec l'équation (1), ainsi que nous allons le faire voir.

Soit ρ la densité de la masse fluide; x, y, z les coordonnées d'un point quelconque, et u, v, w les vîtesses $\frac{dx}{dt}$, $\frac{dy}{dt}$, $\frac{dz}{dt}$. Les élémens différentiels de la masse fluide sont exprimés, au bout du temps t, par $\rho dxdydz$; et, au bout du temps $t+dt$, leur masse n'a pas changé, mais doit être exprimée par

$$\left(\rho+\frac{d\rho}{dt}dt\right)\left(dx+\frac{du}{dx}dxdt\right)\left(dy+\frac{dv}{dy}dydt\right)\left(dz+\frac{dw}{dz}dzdt\right).$$

Or, en considérant la somme de ces élémens qui constituent la même tranche fluide à ces deux instans consécutifs, on exprime l'invariabilité de sa masse par l'équation

$$\rho\int dx\,dy\,dz=\int\left(\rho+\frac{d\rho}{dt}dt\right)\left(dx+\frac{du}{dx}dx\,dt\right)\times$$
$$\left(dy+\frac{dv}{dy}dy\,dt\right)\left(dz+\frac{dw}{dz}dz\,dt\right).$$

Donc, en admettant que, dans le sens de l'axe des z, les variations de la densité ρ et de la dimension dz, ont été les mêmes, à l'égard de tous les élémens qui composaient cette tranche, on pourra écrire

$$\rho\int dx\,dy\,dz=\left(\rho+\frac{d\rho}{dt}dt\right)\left(dz+\frac{dw}{dz}dz\,dt\right)\times$$
$$\int\left(dx+\frac{du}{dx}dx\,dt\right)\left(dy+\frac{dv}{dy}dy\,dt\right).$$

D'un autre côté; puisque la déformation de la tranche fluide doit s'accommoder à la surface du conoïde, si nous représentons par Z la surface de la section du conoïde perpendiculaire à l'axe des z, nous devons avoir $\rho Z dz$ pour la masse de la tranche au bout du temps t, et $Z+\frac{dZ}{dz}w\,dt$ pour expression de la surface de sa base au bout du temps $t+dt$. Ainsi, cela revient à dire que, par la nature de ce mouvement, on a les deux équations

$$\rho\int dx\,dy\,dz=\rho Z\,dz\,;$$

$$Z+\frac{dZ}{dz}w\,dt=\int\left(dx+\frac{du}{dx}dx\,dt\right)\left(dy+\frac{dv}{dy}dy\,dt\right):$$

partant l'équation précédente est équivalente à celle-ci;

$$\rho Z dz = \left(\rho + \frac{d\rho}{dt}dt\right)\left(dz + \frac{dw}{dz}dz\,dt\right)\left(Z + \frac{dZ}{dz}w\,dt\right).$$

Maintenant, si on néglige les quantités du second ordre, cette dernière équation donne

$$0 = \frac{d\rho}{\rho\, dt} \cdot Z + Z\frac{dw}{dz} + w\frac{dZ}{dz}.$$

Mais le coefficient différentiel $\frac{d\rho}{dt}$ qu'on voit ici est censé formé en écrivant dans ρ; $t+dt$ à la place de t, et $z+wdt$ à la place de z: donc, en séparant ces deux différentiations, il faudra remplacer $\frac{d\rho}{dt}$ par $\frac{d\rho}{dt}+\frac{d\rho}{dz}w$; et alors nous aurons

$$\frac{d\rho}{\rho . dt} + \frac{w}{\rho} \cdot \frac{d\rho}{dz} + \frac{dw}{dz} + \frac{w}{Z} \cdot \frac{dZ}{dz} = 0.$$

Cela posé; soit Δ la densité constante de la masse fluide avant le mouvement, et $\rho = \Delta(1+s)$ sa densité pendant le mouvement. Cette équation donne

$$\frac{d\rho}{\rho . dt} + \frac{w . d\rho}{\rho dz} = \frac{ds}{dt}:$$

partant l'équation précédente est équivalente à celle-ci;

$$(\alpha) \ldots\ldots \quad \frac{ds}{dt} + \frac{dw}{dz} + \frac{w}{Z} \cdot \frac{dZ}{dz} = 0.$$

L'équation $m^2\frac{ds}{dt} = -\left(\frac{d^2\varphi}{dt^2}\right)$, trouvée dans la page 72, donne, en différentiant les deux membres par rapport à z;

$$m^2 \frac{d^2 s}{dt\,dz} = -\frac{d^2 . \frac{d\varphi}{dz}}{dt^2};$$

mais $\frac{d\varphi}{dz} = w$: donc, en écrivant a au lieu de m, nous avons

$$a^2 \frac{d^2 s}{dt\,dz} = -\frac{d^2 w}{dt^2}.$$

Cela posé, si l'on différentie l'équation (α) par rapport à z, il viendra

$$(\alpha') \ldots\ldots\ \frac{d^2 w}{dt^2} = a^2 \left\{ \frac{d^2 w}{dz^2} + \frac{d}{dz} \cdot \left(\frac{w}{Z} \cdot \frac{dZ}{dz} \right) \right\}.$$

En posant $w = \int z' dt$, cette équation donnera

$$(\alpha'') \ldots\ldots\ \frac{d^2 z'}{dt^2} = a^2 \left\{ \frac{d^2 z'}{dz^2} + \frac{d}{dz} \cdot \left(\frac{z'}{Z} \cdot \frac{dZ}{dz} \right) \right\};$$

c'est-à-dire l'équation publiée par *Lagrange* en 1760 dans la page 93 du Tome 2 des *Miscellanea Taurinensia.*

Jusqu'ici, rien ne détermine la loi des sections Z du conoïde. Si on suppose cette section telle qu'on ait $Z = A . z^{2n}$ (A désignant un coefficient constant), l'équation (α') deviendra pour ce cas particulier ;

$$\frac{d^2 w}{dt^2} = a^2 \left\{ \frac{d^2 w}{dz^2} + \frac{2n}{z} \frac{dw}{dz} - \frac{2nw}{z^2} \right\}.$$

Actuellement, si l'on fait $w = z^{-n} . \Gamma$ on aura

$$(\beta) \ldots\ldots\ \frac{d^2 \Gamma}{dt^2} = a^2 \left\{ \frac{d^2 \Gamma}{dz^2} - \frac{n(n+1)\Gamma}{z^2} \right\}.$$

De sorte qu'on tombe sur l'équation intégrée par *Euler* et *Lagrange*, et on a déjà fait voir dans la page 80 de ce Mémoire, comment cette intégrale fournit une intégrale en série de l'équation (1) sans l'intermédiaire des intégrales définies. Ainsi il y a une connexion intime entre les vibrations d'une masse indéfinie d'air, et les vibrations du même fluide renfermé dans un conoïde fort étroit.

Turin ce 25 novembre 1834.

J. PLANA.

www.ingramcontent.com/pod-product-compliance
Lightning Source LLC
Chambersburg PA
CBHW072310210326
41519CB00057B/3716
9782019621841